Edizioni PensareDiverso
Cenacolo Jung Pauli

Wolfgang Kroemer

Seltsame Zufälle in Ihrem Leben.

Kleine neugierige Ereignisse.
Vorahnungen. Telepathie.
Passiert es dir auch?
Quantenphysik und die Theorie der
Synchronizität erklären außersinnliche
Phänomene.

Zusammenfassung

Einführung

Nach den ersten Entwicklungen des Denkens glaubte die Menschheit, dass bedeutende Zufälle Zeichen waren, durch die eine höhere philosophische oder göttliche Ebene den Dialog mit den Menschen suchte.

In den letzten drei Jahrhunderten waren diese Überzeugungen durch neue wissenschaftliche Tendenzen ausgelöscht worden. Außergewöhnliche Tatsachen wurden als einfache Fälle betrachtet. Wer außergewöhnliche Ereignisse als göttliche Signale interpretieren wollte, war für Ironie bestimmt.

Ebenso wurden die Zukunftsvisionen als Illusionen oder sogar als Zeichen eines Ungleichgewichts betrachtet. Dies geschah trotz der Tatsache, dass viele Menschen diese außergewöhnlichen Tatsachen erlebt hatten.Die Wissenschaft bestritt die Existenz einer psychischen Dimension, mit der der menschliche Geist interagieren kann. Nach der allgemeinen Meinung war die einzige existierende Realität Materie. Experimente in der Quantenphysik zeigten jedoch in den 1980er Jahren die Existenz eines Universums, das nicht nur aus Materie besteht. Dieses Universum besitzt eine Ebene, in der Energie und Information nicht an den für die klassische Physik typischen Grenzen von Raum und Zeit leiden.

Dies bestätigt alle in der Geschichte der Menschheit gewachsenen Intuitionen. Zu diesen Intuitionen gehörte der Begriff "Seele der Welt", den der griechische Philosoph Platon aussprach. In jüngerer Zeit hat der Schweizer Psychologe Carl Gustav Jung die Theorie des "kollektiven Unbewussten" ausgearbeitet.

Dieses Buch vermeidet die Untersuchung übermäßig spezieller Themen. Der Autor begleitet den Leser eindeutig beim Verständnis der drei Ebenen, die eine einzige Realität bilden.

Die erste Stufe ist die physische, die Teil unserer täglichen Erfahrung ist. Die zweite Ebene ist die von der Quantenphysik beschriebene, die für die kleinsten Elementarteilchen von Atomen typisch ist.

Die dritte ist die psychische Ebene, die als "Nichtlokalität" bezeichnet wird. Es ist die spirituelle Ebene, die sich nirgendwo physisch befinden kann.

Dieser Erkenntnispfad bezieht sich auf neuere Erkenntnisse, die von der offiziellen Wissenschaft anerkannt wurden. Die seltsamen Zufälle und Phänomene des Geistes werden zu wichtigen Teilen einer neuen und überraschenden Realität.

Zufällige Fakten und bedeutende Zufälle

Der Zufall besteht aus zwei miteinander verbundenen Tatsachen, um eine logische Reihenfolge zu bestimmen. Ein Zufall kann durch den Willen der Menschen programmiert werden. Ein klassisches Beispiel für vorab festgelegte Zufälle sind die Fahrpläne für die Personenverkehrslinien. Abhängig von den geplanten Zeiten kommt ein Transportmittel an einer Station an. Unmittelbar nach der Fahrt geht es weiter mit einem anderen Transportmittel. Das ist alles normal. Es gibt aber auch Zufälle, die ohne Vorhersagen auftreten.

Ein altes Foto

Mary war gelangweilt. An diesem Sonntagnachmittag musste sie wegen eines leicht verstauchten Knöchels zu Hause bleiben. Nachdem er alle seine Bücher durchgeblättert hatte, suchte er nach einer interessanten Fernsehsendung, fand sie aber nicht. Also entschied sie sich für ein paar nützliche Arbeiten. Zum Beispiel gab es ein Poster zum Aufhängen. Sie hatte es vor einigen Monaten gekauft, und er war immer noch gut in seinem Container aufgerollt.

Diese Tätigkeit erschien ihr zu anspruchsvoll. Sie entschied sich für ein anderes kleines Geschäft. Sie entschied, es sei der richtige Zeitpunkt, um das Futter aus Papier in der Schublade ihres Schreibtisches zu wechseln.

Die Schublade war breit und tief. Maria zog es heraus, legte es auf den Tisch und begann, den gesamten Inhalt in eine Kiste zu packen. Als sie die einzelnen Gegenstände aufhob, war sie erstaunt, so viele Kleinigkeiten zu finden, die sie für verloren gehalten hielt.

Nachdem sie die Schublade vollständig geleert hatte, befreite Maria das alte Papier von den Reißzwecken, die es hielt, und drückte es in die Hand, um es zu werfen.

Zu diesem Zeitpunkt entdeckte sie ein Rechteck aus Papier, das direkt unter die Abdeckung gerutscht war. Es war ein altes Foto.

In diesem Bild konnte sich Maria, viel jünger, zusammen mit einigen Freunden während einer Schulreise sehen, die mindestens zwanzig Jahre zuvor stattfand.

Maria begann, das Foto mit Nostalgie zu untersuchen, weil sie die reproduzierten Personen erkannte. Der Linke war natürlich Paolo und der neben ihm war Sergio, genannt "Lo Sguincio". Das Mädchen in der Mitte war Arianna namens "La micia". Es waren alles Freunde, die sie immer noch sah, aber der Typ zwischen Laura und Silvio, der

Dicke, wer war er? Er versuchte sich zu erinnern und am Ende war die Beleuchtung: aber ja, es war Ciccio. Am Ende der High School war seine Familie umgezogen, so dass die Kontakte verblassten, bis sich die beiden aus den Augen verloren hatten.

Sie blieb lange Zeit in sich versunken und phantasierte von dieser Zeit ihres Lebens: der Schule und ihren Freunden, an die sie sich erinnerte. Jetzt erschien Ciccio plötzlich an diesem langweiligen Nachmittag. Er wechselte das Papier der Schubladenauskleidung und setzte es wieder ein. Dann konzentrierten sich seine Gedanken auf etwas anderes ...

Als sie am nächsten Nachmittag Hausarbeit verrichtete, klingelte das Telefon. Würdest du es glauben? Am anderen Ende des Hörers begann eine Stimme zu sagen:

"Hi, bist du Maria?" Ich hoffe, du erinnerst dich an mich, ich bin Ciccio und wir sind zusammen auf die High School gegangen. Gestern, als ich an diese Zeiten dachte, hatte ich den Wunsch, alte Freunde wiederzusehen, und die erste Nummer, die ich in meiner Kolumne gefunden habe, ist Ihre ..."

Zwei Tatsachen, die nicht miteinander verbunden sind, können einen "signifikanten Zufall" schaffen.

Es ist offensichtlich, dass die bloße Entdeckung eines alten Fotos nur eine merkwürdige Tatsache ist. Der Anruf, den Maria am nächsten Tag erhält, stellt jedoch eine unerwartete Verbindung her. Für Maria haben die Entdeckung des Fotos und der Anruf einen "einheitlichen Sinn". Wenn Mary feststellt, dass die beiden Tatsachen eine Bedeutung haben, die sie verbindet, werden die beiden Tatsachen zu einem "signifikanten Zufall".

Wir sind alle Protagonisten bedeutender Zufälle. Zu anderen Zeiten können wir die neugierigen Zufälle beobachten, die anderen Menschen passieren. Auch wenn wir am Anfang etwas überrascht sind, entscheiden wir uns später für einen Fall.

Wir glauben sicherlich, dass wir einen seltsamen Fall erlebt haben, aber immer noch nur einen einfachen Fall. Deshalb speichern wir alles in einer Ecke des Geistes.

In der Realität entspricht "Zufall" nicht immer "Zufälligkeit". Dies zeigt sich an der Tatsache, dass einige Koinzidenzen Probleme verursachen, die für das Leben ungelöst bleiben. Manchmal tauchen diese Probleme wieder auf und regen unsere Neugier an. Wir nehmen ein vages Gefühl von Mysterium wahr. Wir haben das Gefühl, eine nützliche Kommunikation verloren zu haben. Wir vermuten, dass uns ein wichtiger Hinweis oder Hinweis entgeht.

Laut dem bekannten Psychotherapeuten Carl Gustav Jung, der dieses Phänomen lange Zeit studierte und viele der später in diesem Buch beschriebenen Theorien ausarbeitete, handelt es sich bei den Zufällen oft um einfache zufällige Fakten, manchmal jedoch nicht. Jung stellte die Hypothese auf, dass es Zufälle gibt, die als signifikant oder sogar als "numinous" bezeichnet werden können, und nannte sie "Synchronizität".

Jung hatte das Verdienst, das Phänomen seltsamer Zufälle als erster wissenschaftlich untersucht zu haben. Er ging von der Beobachtung aus, dass niemand die Existenz seltsamer Zufälle bestreiten kann. Jung hat auch geeignete Werkzeuge für das Verständnis bereitgestellt, wann ein Zufall als signifikant oder "numinös" betrachtet werden kann und daher zur Synchronizität wird.

Natürlich reicht es nicht aus, zwischen gemeinsamen und synchronistischen Koinzidenzen zu unterscheiden. Wir können feststellen, dass zufällige Koinzidenzen Teil unseres täglichen Lebens sind und aus der Verflechtung unserer Aktivitäten mit den Ereignissen der Welt um uns herum entstehen. Das Merkmal von gemeinsamen Zufällen ist, dass sie uns nicht involvieren oder interessieren, weil wir diese Zufälle für offensichtlich halten.

Synchrone Zufälle öffnen dagegen ein riesiges Fenster auf das Panorama des Mysteriums. Diese Zufälle führen dazu, dass wir in Welten eintreten, deren Existenz wir gar nicht ahnen.

Hinter jeder Synchronizität gibt es ganze unbekannte Universen zu erforschen und eine immense Weisheit, aus der man ziehen kann. Leider haben wir keine Augen, um diese Landschaften zu verstehen. Ebenso kennen wir nicht die Sprache, mit der Synchronizitäten versuchen, mit uns zu kommunizieren.

Es gibt Abstimmungsprobleme zwischen unserem Geist und dem universellen Geist, der alle Synchronizitäten zu unseren Gunsten erzeugt.

Eine kleine Statue fliegt aus dem Fenster

Remigia, die ältere Frau, die in der Kirche der Heiligen Erzengel diente, beobachtete erneut ein Mädchen. Die junge Frau blieb wie immer stehen und kniete sich hinter die Kirche. Seine Besuche fanden immer statt, wenn die Kirche leer war, zu einer Zeit, als es keine Gottesdienste gab.

Das Mädchen war immer sehr betend und ihr trauriger Ausdruck war zu sehen. An diesem Tag sah Remigia jedoch eine Träne in seinem Gesicht. Wegen seiner natürlichen Güte, aber auch einer gewissen Neugierde wartete er darauf, dass sie aufstand. Als sie die Kirche verließ, trat Remigia auf sie zu und versuchte, einen Dialog mit ihr zu eröffnen, um den Grund für ihr Leiden herauszufinden.

Durch einen herzlichen Gedankenaustausch und gemeinsame Argumente sammelte er seine Vertraulichkeiten. Das Mädchen, dessen Name Sabina war, hatte die Jugend überholt und hätte gerne einen Freund gefunden, um eine Familie zu gründen. Leider wurde der Traum nicht realisiert.

Remigia tröstete sie und gab ihr den besten Rat. Dann erinnerte er sich daran, dass er sich unter seinen Rollen als Kirchenbegleiter auch um den Verkauf von Souvenirs kümmern musste.

Die Frau dachte, es sei Zeit, endlich eine Statue des Angel Raffaele loszuwerden. Dieses heilige Objekt stellte einen der drei Erzengel dar und war viele Jahre hinter dem Glas im Kabinett der Erinnerungen freigelegt worden, da es niemand gekauft hatte.

"Siehe Sabina" - sagte Remigia, als er sie zum Souvenirkabinett führte - "Ich schlage vor, Sie beten jeden Tag den Engel Raphael, der der Beschützer der Verlobten und der verheirateten Liebe ist". Dieses Gipsmodell ist eine Kopie eines in Neapel gefundenen silbernen Originals. Der Erzengel Raphael ist zusammen mit einem jungen Mann und einem Fisch dargestellt. Der junge

Mann hieß Tobias, und er war auf der Reise, um eine junge Frau namens Sara zu heiraten, entsprechend dem Willen seiner Familie.

Leider war Sara die Sklavin des Dämons Asmodeus, und jedes Mal, wenn sie heiratete, starb ihr Mann in der Hochzeitsnacht.

Dieses Unglück war bereits sieben Mal passiert.

Aber Tobias wusste nicht, dass er ihr achter Ehemann sein würde.

Glücklicherweise wurde Tobias auf der Reise zu Sara von Angelo Raffaele begleitet.

Einmal am Ufer eines Flusses stoppten die beiden, um sich auszuruhen. Tobias ging zum Trinken ans Ufer, wurde aber von einem großen Fisch angegriffen. Raffaele half ihm und zusammen töteten sie den Fisch. Der Engel befahl Tobias, den Bauch des Fisches zu öffnen und seine Leber zu entnehmen; er befahl ihm, es zu behalten, weil es ihm Glück bringen würde.

Tobias kam an seinem Ziel an und bereitete sich darauf vor, die Hochzeit zu feiern, während Saras Vater das Grab bereits für ihn vorbereitete. Aber zu dieser Zeit war das Grab unbrauchbar.

Unter dem Schutz von Raffaele verbrachten die beiden Gatten die erste Nacht mit dem Gebet. Inzwischen haben sie Dämpfe erzeugt, indem sie die Leber der Fische verbrannten. Auf diese Weise kam der Dämon nicht näher und wurde besiegt.

Sara wurde vom Fluch befreit und lebte glücklich mit Tobias ".

Remigia beendete die Geschichte auf diese Weise:

"Auch Sie, liebe Sabina, können sich auf Raffaele verlassen. Behalten Sie diese kleine Statue in Ihrem Haus und sprechen Sie jeden Tag ein Gebet für den Engel. Sie werden sehen, dass er Ihnen bald helfen wird.

Denken Sie, Sabina, dass noch immer um diese Zeit in Neapel am 29. September viele Mädchen die silberne Statue besuchen. Wie wir im neapolitanischen Dialekt sagen, gehen die Mädchen " *a vasà 'o pesce 'e San Rafèle* ". (um den wunderbaren Fisch von St. Raphael zu küssen).

Sabina kaufte mit großer Hoffnung die Statue und stellte sie über einem Schrank zu Hause ab. Jeden Tag rezitierte er sein Gebet. Zeit verging: eine Woche, ein Monat, drei Monate ... aber nichts geschah.

In einem Moment der besonderen Verzweiflung nahm der vierte Monat die Statuette und betrachtete sie mit Verachtung und murmelte:

"Aber was für ein San Raffaele! Nicht einmal er hilft mir! "

Nachdem er das gesagt hatte, warf er die kleine Statue aus dem Fenster.

Nach einigen Minuten hörte er die Klingel der Haustür läuten. Er öffnete sich und stand vor einem jungen Mann. Mit einer gewissen Peinlichkeit sagte er zu ihr:

"Entschuldigung, ich sah diese kleine Statue aus einem Fenster fallen. Wenn ich mich nicht irre, kam es aus dieser Wohnung, also dachte ich, ich würde es zurückbringen. "

Sabina war erstaunt. Er setzte sich und bot ihm einen Kaffee an. Sie sprachen über dieses und das. Er erfuhr, dass dieser freundliche Gentleman Giulio hieß und Single war. Sie beschlossen, sich wieder zu treffen. Später trafen sie sich immer öfter und heirateten schließlich.

Synchronizität.

Wo beginnt in der Geschichte von Sabina der Zufall? Mit anderen Worten, wo beginnt die Reihe von Zufällen?

Beginnen, wenn Sabina beschließt, jeden Tag zur Kirche der Heiligen Erzengel zu gehen?

Vielleicht beginnt der Zufall, wenn Remigia Sabinas Privatsphäre gewinnt und auf ihre Vertraulichkeit hört?

Oder beginnt der Zufall schon vor vielen Jahren, als eine Statue nie verkauft wurde? Oder beginnt der Zufall, wenn Giulio zur gleichen Zeit unter Sabinas Fenster geht, als das Mädchen die kleine Statue hinauswirft?

Dies sind viele Fakten, die zeitlich nicht miteinander verbunden sind. Wenn wir diese Tatsachen jedoch alle zusammen betrachten, können wir sehen, dass sie zu den zusammenhängenden Teilen einer Geschichte werden. Das heißt, diese Tatsachen werden "bedeutend" und bilden daher insgesamt eine "Synchronizität".

Der Begriff "signifikant" bedeutet etwas, das eine Bedeutung enthält und ausdrückt. Ein bedeutendes Ereignis ist ein "Zeichen des Himmels". Das bedeutende Ereignis spricht, ist eloquent, bemerkenswert, relevant.

Jung verwendet auch den Begriff "numinous", was bedeutet: umgeben von einem Heiligenschein der Heiligkeit. Ein numinöses Ereignis erweckt gemeinsam Angst und Ehrfurcht.

In den oben erzählten Geschichten ergibt sich der Inhalt der Heiligkeit nicht aus der Tatsache, dass wir von der Statuette eines Heiligen sprechen, oder aus der Tatsache, dass die Episode von Tobias der Heiligen Schrift entnommen ist. Das Gesamtereignis einer Synchronizität ist "numinous" mit einer breiteren Bedeutung. Die Tatsache verdient einen besonderen Respekt, weil sie ein Gefühl geistiger Ehrfurcht hervorrufen kann.

Die beiden von mir vorgestellten Geschichten, die von Maria und die von Sabina, können als synchronistische Episoden betrachtet werden.

Tatsächlich entsprechen ihre Eigenschaften den von Carl Jung angegebenen, um festzustellen, ob eine Episode synchron ist oder nicht.

Laut Jung sind die wichtigsten Merkmale einer Synchronizität drei.

Das erste Merkmal ist, dass die zwei oder mehr Tatsachen, die Synchronizität ausmachen, nicht durch ein Verhältnis von Ursache und Wirkung verbunden sind. Im Zusammenhang mit einer Synchronizität ist keiner der Tatsachen eine direkte Folge einer anderen Tatsache. Die Verbindung ist intellektuell und tritt im Kopf des Subjekts auf.

In dem auf Maria bezogenen Beispiel ist es offensichtlich, dass der Aufruf von Ciccio nicht die Folge der Wiederentdeckung des Fotos ist.

Ebenso sind die Ablehnung der von Sabina weggeworfenen Statue und die Passage unter Giulios Fenster nicht aufeinander abgestimmt.

Das zweite Merkmal einer Synchronizität ist, dass Fakten bei der betroffenen Person eine emotionale Reaktion hervorrufen. In der ersten Folge wird Maria sich jahrelang an die Geschichte erinnern. In der zweiten Geschichte ist Sabina bis zu dem Punkt, an dem sie Giulio heiratet, angenehm beteiligt.

Das dritte Merkmal ist die symbolische Natur der Tatsachen; das macht sie leider schwer verständlich. Selbst wenn es nicht möglich ist, eine logische Erklärung zu geben, warum diese Ereignisse stattfanden, spürt man, dass sie eine geheimnisvolle Nachricht verbergen, die auf ihre Entschlüsselung wartet. Wenn wir es wie Jung sagen wollen, sagen wir "sie haben einen numinösen Charakter".

Kollektives Unbewusstes und Archetypen.

Um das Prinzip der Synchronizität vollständig zu verstehen, müssen wir Jungs Theorien untersuchen.

Mit dem ersten Argument können wir den Ursprung und die Funktionsweise von Synchronizitäten verstehen. Jung theoretisiert ein Konzept, das bereits in der Evolution des menschlichen Denkens bekannt war, und nennt es *"kollektives Unbewusstes"*.

In seinen Studien vermutet Jung, dass die menschliche Psyche in drei Ebenen unterteilt werden kann.

Die Ebene des individuellen Bewusstseins

Die erste Ebene ist das, was wir "individuelles Bewusstsein" nennen. Diese Ebene umfasst alles, was wir über uns selbst und die Umgebung wissen. Bewusstsein ist die Fähigkeit, die Tatsachen zu verstehen und zu bewerten, die im Bereich unserer Erfahrung auftreten. Dank unseres Gewissens wissen wir vernünftigerweise, was in unserer nahen oder nahen Zukunft passieren wird. Der Begriff "Gewissen" kommt aus dem lateinischen *"Conscire"*, das heißt *"bewusst sein, wissen"*. Mit anderen Worten, das Bewusstsein zeigt das

Wissen, das jeder Mensch über sich und seinen geistigen Inhalt hat.

Daher ist Bewusstsein der Ort, an dem unsere Argumentation entwickelt wird. Entscheidungen und Verhaltensweisen reifen im Bewusstsein. Das Bewusstsein macht Unterscheidungsvermögen und vernünftige Entscheidungen, je nachdem, wie wir die Welt verstehen.

Das individuelle Unbewusste

Die zweite Ebene ist der Ort des Unbewussten. Hier entstehen und wachsen Ideen, Überzeugungen und Verhaltensweisen, die nicht unserer direkten Kontrolle unterliegen.

Zum Beispiel werden hier wesentliche Lebensfunktionen wie Atmung und Herzmuskelkontraktionen durchgeführt.

In dem Teil unseres Bewusstseins, den wir nicht kennen, liegen vor allem die Instinkte, die Tendenzen, die Einstellungen. Darunter auch die "unbewussten Präferenzen" für eine bestimmte Kunstform und nicht für eine andere. Das Unbewusste bestimmt unbewusst die Präferenz für die eine oder andere Farbe, für einen Beruf oder für den anderen.

Sigmund Freud verwies auch auf das persönliche Unbewusste. Freud lehrt, dass dies ein zunächst leerer Behälter ist, der dann im Laufe des Lebens mit allen "weggeworfenen Rückständen des Gewissens" gefüllt wird.

Jung denkt völlig anders. Er argumentiert, dass das Unbewusste seit Beginn des menschlichen Lebens eine funktionale Autonomie besitzt. Nach Jung ist der Mensch tatsächlich mehr von seinem Unbewussten als von seinem Gewissen beherrscht.

Das Unterbewusstsein hätte eine ausgleichende Funktion in Bezug auf das Bewusstsein. Es gibt Bewusstseinsinhalte, die unbewusst werden können. Dies geschieht in einem Mechanismus, der Sie vergessen lässt.

Darüber hinaus gibt es im Bewusstsein Informationen, die freiwillig vergessen werden können, weil sie das Ergebnis schmerzlicher Ereignisse sind. Einige Erfahrungen können entfernt werden, weil sie mit Episoden verbunden sind, deren Schamung wir uns schenken oder deren Realität wir bestreiten wollen.

In diesen Fällen betreiben wir eine "removal, suppression", die niemals endgültig und vollständig ist.

Tatsächlich tun wir nichts anderes, als Erinnerungen von unserer bewussten Seite in das Unbewusste zu verschieben.

In bestimmten Situationen können jedoch scheinbar gelöschte Erfahrungen aus dem Unbewussten wieder hervortreten.

Der Hauptunterschied zwischen der These von Freud und Jung liegt darin, dass das Unterbewusstsein laut Jung nicht nur ein Lagerhaus ist, das nach und nach mit Erfahrungen gefüllt wird, die vom Gewissen als nutzlos bewertet werden.

Jung schätzt das Unterbewusstsein viel positiver.

Laut Jung ist das Unterbewusstsein ein Ort voller neuer und kreativer Ideen. Im Unterbewusstsein entstehen und wachsen viele konzeptuelle Konstruktionen und viele originelle Projekte, die sich auf die Gegenwart und auch auf die Zukunft beziehen.

Demnach enthält das individuelle Unbewusste nach Jung Samen von Wissen und Kreativität. Dies sind absolut originelle Ideen, die zur Formulierung der klassischen Fragen führen würden: "Aber woher wissen Sie das? Aber wer hat dir das erzählt? "

Die Prämisse lautet: Das Unbewusste enthält Ideen, die sich nicht auf die Erfahrung des Individuums beziehen. Diese Ideen waren immer präsent. Von dieser Prämisse kommt "die Frage": Wenn diese Ideen von vorhin existieren, woher kommen sie?

Um das kollektive Unbewusste besser zu erklären, überlassen wir das Wort Carl Jung selbst, der es in seiner 1936 veröffentlichten Arbeit mit dem Titel "Das Konzept des kollektiven Unbewussten" beschreibt.

"Das kollektive Unbewusste ist Teil der Psyche. Es kann vom persönlichen Unbewussten dadurch unterschieden werden, dass es seine Existenz nicht der persönlichen Erfahrung verdankt und daher kein persönlicher Erwerb ist.

Das Individuelle Unbewusste besteht im Wesentlichen aus Inhalten, die im Bewusstsein vorhanden waren, dann aber verschwanden, weil sie vergessen oder entfernt wurden.

Stattdessen waren die Inhalte des kollektiven Unbewussten niemals im Bewusstsein vorhanden und daher nie einzeln erworben worden, sondern verdanken ihre Existenz ausschließlich der Vererbung.

Das individuelle Unbewusste besteht hauptsächlich aus Komplexen.

Stattdessen wird der Inhalt des kollektiven Unbewussten wesentlich von Archetypen gebildet.

Meine These ist daher die folgende. Es gibt ein erstes psychisches System, das unser individuelles Bewusstsein einschließt. Dazu gehört auch das persönliche Unbewusste. Darüber hinaus gibt es ein zweites psychisches System kollektiver und universeller Natur, das sich nicht auf die individuelle Sphäre bezieht, sondern in allen Individuen identisch ist.

Dieses "kollektive Unbewusste" entwickelt sich nicht in Individuen, sondern wird vererbt. Das kollektive Unbewusste besteht aus "bereits bestehenden Formen", den Archetypen. "

Deshalb gibt es laut Jung eine Ebene des Bewusstseins außerhalb unseres Geistes, die nicht auf unseren Schädel beschränkt ist, sondern in Bezug auf unsere Körperlichkeit distanziert und autonom ist.

Diese Bewusstseinsebene, die eine psychische Ebene ist, kann nicht irgendwo platziert werden. Es ist kein "Ding", das Breite, Höhe und Gewicht hat. Es kann nicht von hier weggenommen und dorthin verschoben werden.

Das kollektive Unbewusste existiert genauso wie unsere Seele. Er existiert als das Alter eines Berges oder die Klarheit des Flusswassers. Niemand kann das Alter des Baums oder den Fluss des Flusses sehen oder wiegen, aber niemand kann leugnen, dass er existiert.

Das kollektive Unbewusste ist eine absolut psychische Realität, die die Erfahrungen aller Menschen in Form von Archetypen enthält.

Der Vorteil ist, dass alle Menschen mit Archetypen "in Dialog treten" können.

Heute können wir mit einer technologischen Sprache sagen, dass alle Informationen, die sich auf die menschliche Rasse beziehen, in einer immensen Menge von Dateien gespeichert werden, die als Archetypen bezeichnet werden.

Da alle Menschen mit den Archetypen des kollektiven Unbewussten interagieren können, besitzen sie alle ein großes Wissen, wissen es aber nicht.

Ich schreibe diese Wörter mit meinem Computer. In seinem Gedächtnis gibt es ein Wörterbuch und ein Programm zur Grammatikfehlerkorrektur. Ich habe diese Hilfsmittel nicht erstellt und wusste nicht einmal, dass sie existierten, bis ich beim Schreiben einen Fehler machte.

Ich weiß nicht genau wo diese "Anwendungen" sind. Vielleicht sind sie "in der Wolke" platziert.

Wenn ich jedoch einen Fehler mache, greifen diese Anträge ein. Die ersten Male stand ich da und schaute auf den Bildschirm, wobei die kleinen Wörter rot hervorgehoben waren, und ich konnte nicht verstehen, warum. Nach und nach gewöhnte ich mich daran und erkannte, dass die rote Unterstreichung einen Fehler anzeigt.

Leider gibt die Software oft nicht an, um welchen Fehler es sich handelt.

Es wäre interessant, wenn die besten Teile meiner Schriften blau unterstrichen wären, um darauf hinzuweisen, dass ein mysteriöser Teil der Software für meine Schreibweise zufrieden ist.

Vielleicht würde ich das nicht einmal verstehen, weil der Computer sich auf eine Weise ausdrückt, die nicht sofort verständlich ist.

Es ist häufig erforderlich, ein Referenzhandbuch zu konsultieren.

Synchronizitäten sind so etwas. Dies sind Signale, die zu uns von einem "Grammatikprüfer" kommen, der platziert wird, wer wo weiß.

Es ist eine Software, die in einer riesigen "Cloud" verteilt ist. Sprechen Sie uns mit einer "Maschinensprache" an, das heißt, sie wird auf unverständliche Weise ausgedrückt.

Die Archetypen ähneln dieser Grammatikprüfung.

Manchmal gleiten die Archetypen aus dem kollektiven Unbewussten und beeinflussen unser Bewusstsein.

Sie kommen, um Korrekturen an den Worten vorzuschlagen, die wir in unserer Lebensgeschichte schreiben.

Wir sollten vermeiden, uns zu ärgern, wenn dies geschieht, selbst wenn die Eingriffe der Archetypen schwer verständliche Episoden erzeugen, wie zum Beispiel die seltsamen Zufälle.

Dies sind rote oder blaue Linien. Wir spüren die Präsenz eines verborgenen Sinnes, aber wir verstehen nicht genau, was er bedeutet.

Eine Idee so alt wie der Mensch

Carl Jung hatte die verdiente Fähigkeit, seine Dissertation über das kollektive Unbewusste nach wissenschaftlichen Kriterien zu veröffentlichen.

Die Idee war jedoch nicht neu. Seit dem Beginn der Menschheit und seit den ersten Manifestationen des menschlichen Denkens hat sich der Glaube an eine höhere psychische Ebene entwickelt. Das Konzept der "Welt der Ideen" wurde in der griechischen Zivilisation geboren.

Kurz gesagt, der Mensch hat immer an eine geistige Entität geglaubt, die nicht mit der materiellen Realität verbunden ist, die normalerweise verbunden ist.

Jedes Mal, wenn eine Göttlichkeit in natürlichen Objekten wie der Sonne oder dem Mond identifiziert wird, wurde diesem Objekt immer eine Persönlichkeit zugeordnet. Die Sonne geht jeden Tag auf und unter, um der Erde Leben zu geben.

Die Sonne hat jedoch ihren eigenen Willen, also könnte sie auch eines Morgens entscheiden, nicht aufzustehen.

Aus dieser Angst ergibt sich das Bedürfnis, den Kult zu organisieren und Opfer zu bringen, um ihn zu erfreuen.

Der Glaube der animistischen Religionen des Paläolithikums und des Neolithikums wandelte sich in der klassischen Epoche des antiken Griechenland in ein verfeinertes Konzept, das der "Seele der Welt".

Heute ist dieses Konzept mit dem lateinischen Ausdruck "Anima Mundi" bekannt. Es ist ein philosophisches Konzept, das von den Anhängern des griechischen Philosophen Plato verwendet wird, um die Vitalität der Natur anzuzeigen.

Der Anima mundi drückt die Gesamtheit der Natur aus und hält sie für einen lebenden Organismus, der mit Einzigartigkeit ausgestattet ist.

Gleichzeitig ist die Seele der Welt jedoch eng mit der Seele jedes Einzelnen verbunden. Der Begriff impliziert somit ein Universum, in dem "alles eins ist", wobei jedoch jede Individualität die Merkmale behält, die sie unterscheiden.

In Zusammenarbeit mit Wolfgang Pauli (Nobelpreis für Physik 1945) vertiefte Karl Jung die Möglichkeit, dass die Begriffe "Archetipo" und "Synchronizität" mit einer Realität in Verbindung gebracht werden könnten, die "Unus mundus" definierte.

Es ist eine Realität, aus der alles hervorgeht und alles zu ihr zurückkehrt.

Es ist dasselbe Konzept von "Anima mundi", das aus dem "Monismus" von Platon stammt, der später von den neoplatonistischen Philosophen entwickelt wurde.

Die Philosophien und Religionen haben das Konzept der Weltseele akzeptiert und integriert.

Heute ist dieses Konzept mit unterschiedlichen Namen in der östlichen Philosophie vertreten. Wir können uns an das "Tao" der chinesischen Kultur oder an "Atman" der indischen Kultur erinnern. Wir finden dieses Konzept aber auch in der westlichen Religiosität, in der Figur des "Heiligen Geistes".

Die säkulare Kultur bezieht sich auch auf die Seele der Welt mit vielen verschiedenen Namen, wie zum Beispiel universeller Verstand, globales Bewusstsein, Geist der Welt.

Wenn wir vom "kollektiven Unbewussten" sprechen, beziehen wir uns auf keine dieser Entitäten, wir betonen jedoch, dass es mit jeder von ihnen starke Ähnlichkeiten gibt.

Die Archetypen

Das kollektive Unbewusste ruft daher viele Ähnlichkeiten mit den spirituellen Konzepten hervor, die in der menschlichen kulturellen Evolution erarbeitet wurden.

Andere Ähnlichkeiten werden durch ein anderes Konzept hervorgerufen, das mit dem "kollektiven Unbewussten" von Carl Jung zusammenhängt. Sprechen wir über die "Archetypen".

Die Archetypen sind konzeptuelle Kategorien, die den archaischen Strukturen ähnlich sind, wie sie für Mythen und Religionen typisch sind, aber auch den Märchenfiguren der Populärkultur ähneln.

Tatsächlich glaubte Jung selbst, dass er nichts Neues vorgeschlagen hatte. Er erkannte, dass Archetypen den mythologischen Haupttypologien jeder historischen Epoche und jeder menschlichen Rasse als ähnlich angesehen werden können.

Archetypen können daher so unendlich sein, wie die Fähigkeit des menschlichen Denkens, echte oder fantastische Situationen zu erzeugen, unendlich ist.

Es gibt den Archetyp des Todes und den Archetyp der Angst, den Archetyp der sinnlosen Grausamkeit und den Archetypus des Schmerzens.

Es gibt auch alle Archetypen, die mit den Visionen unserer Träume verbunden sind. Im Traum werden Traumbilder zu Symbolen, das heißt zu Archetypen. Sprechen wir über Figuren wie das Pferd, die Spinne, den Sprung ins Leere oder den Wolf, der uns verfolgt.

Jede von uns vorgestellte Figur ist im kollektiven Unbewussten als Archetyp vorhanden. Jede Figur hat eine Bedeutung, die nicht der Figur selbst entspricht, sondern einen symbolischen Wert hat. Beispielsweise symbolisiert das Pferd den Wunsch, in die spirituellen Welten zu reisen.

Sogar Platon glaubt wie Jung, dass die Archetypen durch Vererbung zu uns gehören, ohne ihren Inhalt direkt erlebt zu haben.

Der Philosoph glaubt, dass wir die Archetypen kennen, weil wir sie schon vor ihrer Geburt gesehen haben. Um diese Theorie zu unterstützen, verwendet er die "Reminiszenzlehre". Unsere Seele wird vor dem Eintritt in einen Körper in der "Ideenwelt" gelebt.In dieser Welt hat die Seele ihr Wissen erworben, das nicht verloren geht, wenn dieselbe Seele in einem Körper verkörpert ist. Daher sagt Platon, dass "Wissen ist Erinnern", weil wir Wissen vor der Geburt erworben hätten.

Im Gegensatz dazu ist das kollektive Unbewusste von Jung ein Ort, an dem Ideen unserer Seele vor der Geburt nicht zugänglich sind. Diese Ideen, das sind die Archetypen, manifestieren sich in unserem individuellen Unbewussten erst nach der Geburt während unseres ganzen Lebens.

Manchmal betrachten wir Archetypen als abstrakte Begriffe. Jung hat sie nicht als solche betrachtet, weil die Abstraktion keine eigene "Form" hat.

Jung dagegen glaubte, dass Archetypen sich durch die Annahme einer "Form" manifestieren könnten.

Da sie in unserem Unbewussten "Formen annehmen" können, sind Archetypen Quellen "psychischer Energie". Sie sind in der Lage, ihr Potenzial durch Träume, seltsame Zufälle, Vorahnungen und spirituelle Einsichten, die die Grundlage synchroner Episoden bilden, auf die Menschen zu entladen.

Der Unterschied zwischen Platons Konzept und Jung's Konzept liegt in dem Prozess, durch den der Einzelne die vererbten Ideen kennt, die nicht mit der Erfahrung zusammenhängen.

Laut Platon kennt die Seele die Ideen, bevor sie in den Körper hineingeht. Stattdessen greifen die Archetypen laut Jung nach der Geburt und während des ganzen Lebens in das Unbewusste ein.

Dieser Unterschied wird deutlicher, wenn man bedenkt, dass nach Jung die Aktion der Archetypen in bestimmten Momenten viel stärker wird. Dies geschieht insbesondere dann, wenn das Individuum Stress- oder Krisen- und Transformationsmomente durchmacht.

In der Tat ist der bewusste Teil des Individuums rationaler und neigt eher dazu, Kompromisse mit der Realität des Lebens einzugehen.

Stattdessen ist das Unterbewusstsein instinktiv und einfallsreich und hat oft keine Angst vor instinktiven und irrationalen Verhaltensweisen.

Folglich erhebt der bewusste Teil des Individuums eine solide Projektionsbarriere, um den Instinkt des Unbewussten in Schach zu halten.

Das ist nicht immer gut und oft funktioniert es nicht. Es gibt Zeiten, in denen die durch das Bewusstsein aufgebaute Barriere wackelt oder sogar zusammenbricht. Es sind Momente einer existenziellen Krise, wie der Verlust eines Arbeitsplatzes oder das Ende einer Beziehung oder das Verschwinden eines Familienmitglieds.

In diesen Fällen wird das rationale Gewissen traumatisiert, weil es mit einer Realität kollidiert, die sich so roh und schmerzhaft vorstellte.

Das Gewissen hinterfragt die Richtigkeit seiner Überzeugungen und fragt sich, wie es möglicherweise einen Fehler gemacht hat.

In diesen Fällen sinkt die Abwehr, die Schutzbarriere ist nicht mehr unschlagbar.

Durch das Unterbewusstsein des Individuums wird ein Fluss psychischen Materials geschaffen, der über die Barriere hinausgeht und die Form von Synchronizität annehmen kann.

Daher begleitet eine Synchronizität normalerweise immer das Bedürfnis nach Veränderung. Manchmal geht es dem voraus oder schlägt es vor. Er tut es jedoch immer in einer symbolischen Form und verwendet eine äußerst schwierige Sprache zum Entschlüsseln.

Unter den vielen Beispielen im Archiv von Jung ist das bekannteste vielleicht dasjenige, das während der Therapie eines Patienten vorkam.

In seinem 1952 erschienenen Essay mit dem Titel "Synchronicity: An Acausal Connecting Principle" beschreibt Jung das Ereignis mit folgenden Worten:

"Eine junge Frau hatte in einem entscheidenden Moment in ihrer Therapie einen Traum. Im Traum erhielt der Patient einen Goldkäfer als Geschenk.

Während die junge Frau mir diesen Traum erzählte, saß ich mit dem Rücken zum geschlossenen Fenster. Plötzlich hörte ich ein Geräusch hinter mir, als würde etwas sanft gegen das Fenster klopfen.

Ich drehte mich um und sah ein geflügeltes Insekt, das von außen gegen das Fenster stieß. Ich öffnete das Fenster und fing das Insekt auf. Es war einem Goldkäfer sehr ähnlich, das heißt, einem "Cetonia aurata", dem Käfer der Rosen.

Offensichtlich hatte sich das Insekt dazu gezwungen, unseren dunklen Raum zu betreten. Dies widerspricht seinen Gewohnheiten.

Ich muss hinzufügen, dass mir ein solcher Fall noch nie passiert ist und mir danach nie passiert ist. Dieser Traum des Patienten blieb in meiner Erfahrung eine einzigartige Tatsache. "

Jung stellte später fest, dass es sich bei der Patientin um einen außergewöhnlich schwierigen Fall handelte: Bis zu diesem Tag hatte sie nicht einmal eine kleine Verbesserung erfahren.

Sie war eine sehr Rationalist Frau in ihrem Glauben.

Ein außergewöhnliches Ereignis wäre nötig gewesen, um sie zu schütteln, aber Jung konnte es nicht produzieren.

Der Traum vom Skarabäus hatte diese Funktion, weil. Sie hatte die Patientin beeindruckt, also hatte sie begonnen, ihre Rüstung zu verkleinern. Als der Käfer jedoch wirklich durch das Fenster hereinkam, reagierte das junge Mädchen viel stärker, was Jung wie folgt beschreibt:

Jung stellte später fest, dass es sich bei der Patientin um einen außergewöhnlich schwierigen Fall handelte: Bis zu diesem Tag hatte sie nicht einmal eine kleine Verbesserung erfahren.

Sie war eine sehr Rationalist Frau in ihrem Glauben.

Ein außergewöhnliches Ereignis wäre nötig gewesen, um sie zu schütteln, aber Jung konnte es nicht produzieren.

Der Traum vom Skarabäus hatte diese Funktion, weil. Sie hatte die Patientin beeindruckt, also hatte sie begonnen, ihre Rüstung zu verkleinern.

Als das Insekt tatsächlich durch das Fenster kam, reagierte die junge Frau viel stärker. Jung beschreibt seine Reaktion wie folgt:

"Sein natürliches Wesen hat es geschafft, die Rüstung zu durchbrechen und der Transformationsprozess, der immer eine Therapie begleiten muss, hat begonnen".

Später erklärt Jung das Ereignis in psychotherapeutischer Hinsicht und beschreibt, warum sich die Episode als wirksam für die Genesung des Mädchens erwies.

Jung weist darauf hin, dass der Käfer ein klassisches Symbol für die Wiedergeburt ist. Gemäß der Beschreibung des altägyptischen Buches "Am-Tuat" wird der Sonnengott auf dem Pfad, der seinem Tod folgt, im zehnten Stadium zu einem Skarabäus.

In dieser Form steigt die Sonne bis zur zwölften Stufe. Hier verjüngt er sich und kann in das Boot steigen, das ihn in den Morgenhimmel bringt. Auf diese Weise kann der Sonnengott an einem neuen Tag wiedergeboren werden.

Wie Synchronizität entsteht

Synchronizitäten finden plötzlich im Leben der Menschen statt, wenn die kranke Psyche eine Analogie zwischen seinen Bedürfnissen und den

45

Archetypen des kollektiven Unbewussten wahrnimmt.

In diesen Fällen kann die Psyche durch das Unterbewusstsein Archetypen verwenden.

In der Tat sind Archetypen bestrebt, am Wohlergehen des Einzelnen mitzuarbeiten. Nach einigen Theorien haben dieselben Archetypen die Fähigkeit, die Initiative zu ergreifen.

Der Unterschied ist erheblich. Im ersten Fall nehmen wir an, dass es einen psychischen Behälter gibt, aus dem die Informationen, die er immer enthielt, wie Wasser aus einem Brunnen extrahiert werden können.

Im zweiten Fall stellen wir uns stattdessen die Existenz einer überlegenen Intelligenz vor, die in der Lage ist, die Bedürfnisse des Einzelnen zu kennen und mit eigener Hilfe für sie einzugreifen.

In den meisten Fällen scheint die zweite Hypothese die wahrscheinlichste zu sein. Bei der Analyse verschiedener Fälle von Synchronizität würden wir alle dazu angehalten, eine Richtung oder sogar die Anwesenheit eines "universellen Geistes" zu identifizieren. Wir sprechen von einer "Seele der Welt", die sich in der Lage ist, sich für alle Kreaturen ohne räumliche und zeitliche Begrenzung einzusetzen. Wir können diesen Geist mit dem Namen nennen, den wir bevorzugen.

Der Mensch wird in seiner Individualität, dh in seinem Ich, zu einem Molekül, dem Teil eines größeren Organismus, den wir intelligenten Kosmos nennen können.

Jedes scheinbar getrennte Element bildet tatsächlich eine Einheit mit dem Ganzen.

Der Mensch wird selbst in seiner Individualität, dh in seinem Ich, zu einem Molekül, Teil eines größeren Organismus, den wir intelligenten Kosmos nennen können.

Der Kosmische Geist (oder Universeller Geist) schützt den Menschen und führt ihn durch synchronistische Episoden.

Jung hat diese einigende Realität von Materie und Geist als "das Psychoide" bezeichnet. Es ist eine Ebene, die über Materie und Psyche steht, aber beides beinhaltet.

Darüber hinaus ähnelt das kollektive Unbewusste, wie wir in den vorherigen Beispielen gesehen haben, keineswegs einem Vorrat gestapelter Güter, sondern verfügt über eine auf die Vergangenheit und die Zukunft erweiterte Intelligenz.

Diese Intelligenz lässt sich nicht durch unsere Denkkategorien erklären. Wir sind an eine Welt gewöhnt, in der Dinge nacheinander passieren. Nach unserer Erfahrung ist jede Tatsache "Folge" einer vorherigen Tatsache und "Ursache" einer nachfolgenden Tatsache.

Auf der Ebene des kollektiven Unbewussten kann Information in jeder Reihenfolge zum

Bewusstsein gelangen, ohne den Zeitverlauf zu respektieren. Dies geschieht, wenn uns eine Vorahnung vor einer Tatsache warnt. Es geschieht auch, wenn ein "telepathischer Anruf" uns die gefährliche Situation einer Person zeigt, mit der wir freundschaftliche Bindungen haben. In diesem Fall hat die Kommunikation keine Zeit- oder Entfernungsgrenzen. Die Person kann hunderte von Meilen entfernt sein.

Es gibt Tausende von Zeugnissen von Menschen, die mitten in der Nacht aufgewacht sind, während ein Freund angegriffen oder in einen Unfall verwickelt wird.

Es gibt auch unzählige Zeugnisse über das Wissen um den Tod eines Menschen, der weit weg lebt. Dieses Wissen wird zur gleichen Zeit geboren, zu der die Person stirbt.

Die typischen Eigenschaften eines synchronistischen Phänomens können wir in den folgenden wenigen Aussagen zusammenfassen.

Eine Synchronizität ist die Summe von zwei oder mehr Hauptfakten, die nicht logisch miteinander verbunden sind. Diese Tatsachen erhalten nur für die Person, die die Synchronizität empfängt, einen Sinn.

Synchronizität tritt in zwei Teile auf. Der erste Teil ist dies. Überall auf der Welt und zu jeder Zeit erhält ein Mensch ein Bild in seinem Unbewussten. Er kann es in Form eines Traums, einer

Vorahnung, eines telepathischen Anrufs, einer plötzlichen Idee, eines direkten Bildes oder eines symbolischen Bildes empfangen.

Der zweite Teil ist dieser: An jedem Ort der Welt und zu jeder Zeit bestätigt ein Ereignis oder eine tatsächliche Tatsache das von der Person empfangene Bild.

Oder die Person, die die Synchronizität empfängt, kann sie als Anhaltspunkt für die Verbesserung ihres Lebens interpretieren.

Schicksal oder Synchronizität?

Der amerikanische Schriftsteller Louis L'Amour (Pseudonym von Louis Dearborn LaMoore) erzählt auf seiner Website die unglaubliche Geschichte von Mrs. Sarah Richley, einer ruhigen Hausfrau. Sein Sohn Peter hatte eine überwältigende Leidenschaft für das Meer. Als Erwachsener beschloss Peter, sein Leben in dem Element zu verbringen, das er so sehr liebte. Er tat dies trotz der Sorge seiner Mutter und seiner gegenteiligen Meinung. Sowohl für die Nachlässigkeit als auch für die Schwierigkeiten, den Kontakt zum Festland aufrechtzuerhalten, haben sich Mutter und Sohn aus den Augen verloren.

Dies ist der Prolog. Im Folgenden spielt die Geschichte in zwei Akten.

Der erste Akt wird dazu dienen, das Abenteuer zu erzählen, das Peter auf einer seiner Reisen im Jahr 1829 erlebte. Dies sind Tatsachen, die wirklich geschehen sind und sorgfältig in die Marineregister eingetragen wurden. Diese unglaublichen Fakten wurden im siebten Band der "Großen Enzyklopädie des Meeres" des berühmten Dokumentarfilmemachers Folco Quilici veröffentlicht.

Die unglaubliche Geschichte von Sarah Richley. Erster Akt

Im Oktober 1829 segelte ein australisches Schiff namens "Mermaid" unter dem Kommando von Samuel Nolbrow von Sydney nach Collier Bay im westlichen Teil des australischen Kontinents.

Das Schiff war ein Schoner, hatte 18 Besatzungsmitglieder, darunter Peter Richley, und beförderte auch drei Passagiere.

Am vierten Tag der Schifffahrt, als sich das Boot in der extrem gefährlichen Torres-Straße zwischen Australien und Neuguinea befand, passierte das Unwiderrufliche.

Große bedrohliche regengeladene Wolken näherten sich.

Der Wind hörte auf und das Schiff wurde stillgelegt. Mitten in der Nacht brach ein heftiger Sturm aus, der das Schiff traf.

Der "Mermaid" -Schooner wurde wiederholt gegen eine Korallenbank geschlagen und trotz der verzweifelten Bemühungen der Crew erschüttert.

Die 21 Männer verließen das Schiff und tauchten ins Meer, um einen Felsen zu erreichen.

Der Kapitän wurde zuletzt gerettet und stellte fest, dass alle 21 in Sicherheit waren.

Die Überlebenden verbrachten drei Tage und drei Nächte auf dem Felsen.

Am vierten Tag fuhr die Brigg mit dem Namen "Swiftsure" in diese Gegend. Er sah die überlebenden Castaways und rettete sie

Nach fünf Tagen stieß Swiftsure jedoch auch auf eine turbulente Meeresströmung und sank.

Alle Männer verließen das Schiff eilig. Auch diesmal waren alle gerettet.

Glücklicherweise passierte er nach kurzer Zeit den Schoner namens "Governor Ready", der 32 Besatzungsmitglieder hatte.

Der Schoner hatte die Überlebenden der beiden zuvor versenkten Schiffe an Bord kommen lassen.

Leider waren die negativen Ereignisse noch nicht vorbei. Der Schoner setzte seine Reise fort, wurde jedoch von zu vielen Menschen belastet.

Es vergingen nicht viele Stunden, als an Bord ein Feuer ausbrach.

Vielleicht war das Feuer von den Castaways ohne Vorsicht angezündet worden.

Es gelang niemandem, die Flammen zu zähmen, und alle Besatzungen der "Mermaid", der "Swiftsure" und des "Governor Ready" waren gezwungen, auf die Rettungsboote zu klettern.

Aber auch diesmal konnten sich die Überlebenden für das Glück bedanken, denn nach kurzer Zeit erschien der australische Schneiderschiff "Comet" am Horizont.

Durch einen glücklichen Zufall wurde dieses Boot durch einen Sturm aus dem Schifffahrtskurs gedrängt, so dass er die Rettungsboote traf.

Als die Matrosen des "Comet" erfuhren, dass diese Menschen Überlebende von drei Schiffbrüchen waren, bedauerten sie es, sie gerettet zu haben.

Mittlerweile waren sie jedoch an Bord.

Auf dem Schiff entstand ein Klima großer Spannung, weil die Matrosen des "Comet" davon überzeugt waren, dass diese Menschen von einem bösen Schicksal begleitet wurden. Sie befürchteten, dass das gleiche Schicksal auch den "Comet" treffen würde.

Sie haben sich nicht geirrt.

Nach fünf Tagen der Schiffahrt erlitt der Comet auch Schiffbruch.

Diesmal gab es keine Rettungsboote für alle, so dass viele im Wasser bleiben und an den Überresten des versunkenen Schiffes hängen bleiben. Sie mussten 18 Tage lang Widerstand leisten, bevor sie von einem Dampfer der australischen Post, "Jupiter", gerettet wurden.

Unglaublich, nach vier Schiffbrüchen gab es kein Opfer unter den Castaways. In der Tat wurde niemand verletzt, außer den kleinen blauen Flecken, die man sich vorstellen kann.

Wahrscheinlich hatte Peter Richley in dieser ganzen Angelegenheit seinen Wunsch nach Segeln beruhigt. Aber die Geschichte war noch nicht vorbei. Nach einer kurzen Navigation stürzte sogar der Dampfer "Jupiter" gegen einen Felsen und sank.

Glücklicherweise befand sich das Passagierschiff "City of Leeds" in der Nähe dieses letzten Schiffbruchs. Dieses Schiff rettete alle Überlebenden vor den fünf Schiffbrüchen und brachte sie in Sydney in Sicherheit.

In dieser australischen Stadt erzählten alle Castaways ihr Abenteuer.

Der Erzähler auf der "Enzyklopädie des Meeres" schließt seine Geschichte mit diesem Kommentar ab:

"Ein einfacher Zufall? Vielleicht, aber in solchen Fällen scheint es einen höheren Willen zu geben."

Dieser Wille nimmt die durch den Zufall erzeugten Ereignisse und leitet sie zu Schlussfolgerungen, die anscheinend den menschlichen Wünschen entsprechen ... "

Hier endet die Geschichte, die wir als "First Act" definiert haben.

Für Peter Richley ist die Geschichte jedoch noch nicht abgeschlossen.

Bevor er ausstieg, war Peter noch an Bord des Schiffes "City of Leeds" und erlebte den zweiten Akt der Geschichte. Dieser zweite Akt ist, wenn möglich, noch unglaublicher als der erste.

Die unglaubliche Geschichte von Sarah Richley. Akt II

Kommen wir zurück zu der Geschichte des Schriftstellers Louis L'Amour. Diesmal geschieht alles an Bord des Passagierschiffs City of Leeds.

Dieses Schiff hatte Großbritannien verlassen und reiste nach Sidney. Es beförderte Passagiere mit unterschiedlichem sozialen Hintergrund, die Australien aus verschiedenen Gründen erreichen wollten.

Angesichts der erheblichen Beschwerden, die das Reisen mit Schiffen im 19. Jahrhundert hatte, waren die Reisenden meist jung und robust und hatten eine gute Gesundheit.

Normalerweise hatte der Arzt an Bord keine größeren Probleme bei der Ausführung seiner Arbeit.

Auf dieser Reise hatte der Arzt jedoch große Schwierigkeiten, weil eine alte Dame alleine unterwegs war.

Irgendwann war die alte Frau unter der Last ihrer Jahre und ihrer Krankheiten zusammengebrochen. Daraufhin wurde die Frau in die Krankenstation eingeliefert.

Der Arzt hatte sie mehrmals gefragt:

"Aber warum wollten Sie, alte Dame, diese Reise von England nach Australien unternehmen?"

Jedes Mal antwortete die Frau, dass sie seit Jahren nichts von ihrem Sohn gehört hatte. Da sie kürzlich erfahren hatte, dass dieser Sohn entlang der australischen Küstenrouten an Schiffen arbeitete, hatte er sich entschlossen, sich auf den Weg zu machen, um ihn finden zu können.

In diesen Dialogen nahm die alte Frau jedes Mal ein kleines Porträt aus ihrer Handtasche, um dem Arzt das Gesicht des jungen Mannes zu zeigen.

"Das ist mein Sohn. Es wäre genug für mich, ihn einmal zu sehen, nur um in Frieden zu sterben. Hilf mir, Doktor. "

Der Arzt war ein sensibler Mensch und wollte ihr helfen, wusste aber nicht, wie er es tun sollte.

Nach einem dieser Gespräche führte der Arzt einen Kontrollbesuch bei einigen der auf See gesammelten Überlebenden durch.

Während er immer noch das Bild des Sohn der Frau in den Augen hatte, sah er sich einem Matrosen gegenüber, dessen Gesichtszüge sich sehr ähnelten.

Der Matrose hatte dunkles Haar, eine hohe Stirn, eine Adlernase, dünne Lippen und ein ausgeprägtes Kinn. Bei einer oberflächlichen Untersuchung mag er dem Porträt ähneln. Sogar das Alter des Matrosen konnte sich entsprechen. In der Tat gab es eine gute Ähnlichkeit.

Der Arzt wurde von einer Idee getroffen.

Warum nicht diesen jungen Mann der alten Dame präsentieren, deren Anblick nicht mehr perfekt war? Diese wohlwollende Täuschung hätte es ihr erlaubt, ihr Leben ruhig zu beenden.

Der Arzt erklärte dem jungen Mann alles und fragte ihn, ob er die Rolle des Sohnes übernehmen wolle. Aber der junge Mann wollte es nicht wissen.

Der Arzt bestand darauf, zu sagen:

"Grundsätzlich würden Sie nur eine Arbeit für das Gute tun. Sie sollten nur ein paar Minuten so tun, als ob Sie Peter heißen. "

Der junge Mann gab nach.

"Also würde ich nicht lügen, denn mein Name ist wirklich Peter. Aber ich würde gerne mehr wissen. Wer genau ist diese Dame?

"Es ist eine Engländerin, eine gewisse Sarah Richley."

Der junge Peter wurde blass und ein tiefer Zittern erschütterte seinen ganzen Körper und rief dann aus:

"Aber es ist meine Mutter!"

Die alte Dame war wirklich ihre Mutter.

Der Fall brachte das Ergebnis hervor, das die beiden wegen fünf Schiffbrüchen trafen.

Aber geschah das wirklich aus Versehen oder war es eine unglaubliche Reihe von Synchronizität?

Für Liebhaber von Geschichten mit einem glücklichen Ende werden wir sagen, dass die Frau nach der Freude, ihren Sohn zu finden, ihre Gesundheit wiedererlangt und viele Jahre gelebt hat.

Sie hat den Kontakt zu Peter nicht mehr verloren. Der Sohn segelte jedoch weiter.

Mehrere Quellen im Internet dokumentieren diese Geschichte, zum Beispiel:

http://tardis.wikia.com/wiki/Sarah_Richley

Der Pfingstpastor Philip Harrelson erinnert sich jedes Jahr an diese Geschichte in seiner Predigt anlässlich des Muttertags.

Diese Gewohnheit wird auf der Website des Pfarrers in Erinnerung gebracht:

https://www.sermoncentral.com.

Einige argumentieren, dass die Geschichte nicht stimmt, weil die Ereignisse 1829 stattfanden, während das Schiff der Stadt Leeds später gestartet wurde.

Tatsächlich ist jedes Meer voller Schiffe mit demselben Namen.

Neben der "Stadt von Leeds" unserer Geschichte wurde 1903 eine weitere "Stadt von Leeds" zusammen mit ihrem Zwilling "City of Bradford" gegründet. Ein anderes Schiff wurde 1950 unter dem Namen "City of Ottawa" gestartet, später jedoch in "City of Leeds" umbenannt.

Zwei weitere Frachtschiffe mit dem Namen "City of Leeds" wurden 1908 und 1944 gestartet.

Synchronizitäten sind Emanationen eines universellen Geistes.

Gibt es einen schlüssigen Beweis dafür, dass Synchronizitäten keine Illusionen unserer Psyche sind? Können wir vernünftigerweise argumentieren, dass Synchronizitäten von einem höheren Geist kommen?

Wir finden den Beweis dafür, wenn wir die Existenz von synchronistischen Episoden entdecken, bei denen mehr Menschen an der

Konstruktion eines Ereignisses beteiligt sind, das nur eine von ihnen betrifft.

Ein ähnliches Ereignis wird durch die unglaubliche Abfolge von Fakten dargestellt, die ich gerade in der vorherigen Geschichte vorgeschlagen habe. Ich möchte Sie daran erinnern, dass dies Tatsachen sind, die in den Marineregistern dokumentiert sind.

Aber das ist nicht genug, es gibt noch viel mehr.

Synchronizitäten greifen nicht nur in das Leben von Einzelpersonen oder kleinen Gruppen ein. Tatsächlich greifen diese Phänomene ein, um das kollektive Schicksal der Welt zu gestalten.

Synchronizitäten leiten Gemeinschaften von Menschen, Völkern, Nationen und der ganzen Welt zu einem höheren Wissensstand.

Es ist ein Weg der kulturellen und spirituellen Entwicklung. Synchronizitäten führen die Menschheit zu einem unbekannten Ziel, das man sich nur vorstellen kann.

Der jesuitische Wissenschaftler Pierre Teillard de Chardin hat die Existenz des "Omega Point" theoretisiert.

Dies ist das höchste Maß an Komplexität und Bewusstsein.

Ich glaube, dass ein "kosmischer Geist" Synchronizitäten verwendet, um die Menschheit zum "Omega-Punkt" zu führen.

Viele Menschen denken über eine merkwürdige Besonderheit der Evolution der menschlichen Spezies nach. Der Mann erschien vor etwa 4 Millionen Jahren. Seit dieser Zeit lebt der Mensch seit Millionen von Jahren im Zustand eines brachialen Wesens der Steinzeit

Auf der anderen Seite hat der Mensch in den letzten 12.000 Jahren einen unglaublichen Entwicklungssprung erlebt, der ihn von der Steinzeit in die Eisenzeit und dann in das Informationszeitalter geführt hat, das wir gerade erleben.

Ist es logisch, dass die Menschheit über Millionen von Jahren keinen bedeutenden Entwicklungssprung erreicht hat (abgesehen von der Fähigkeit, den Stein auf verschiedene Weise zu bearbeiten) und dann in sehr kurzer Zeit das derzeitige Zivilisationsniveau erreicht hat?

Nur in den letzten 0,003 % seiner Entwicklung ist es dem Menschen gelungen, die neuen Technologien zu entwickeln, die Städte von Ansammlungen von Strohhütten zu großen Wolkenkratzergruppen verwandelt haben.

Es sollte betont werden, dass die Tiere, obwohl sie dieselbe historische Zeit hatten, keine spirituelle Entwicklung oder Verhaltensentwicklung verwirklicht haben.

Eine bestimmte Wissenschaft, die Mensch und Tier vereint, kann diese Tatsache nicht erklären.

Wenn alles vom Menschen abhing, hätte unsere Entwicklung im Laufe der Zeit schrittweise erfolgen müssen.

Aber nein, unsere gesamte Entwicklung, von der Entdeckung der Landwirtschaft an, fand in einem minimalen Teil unserer Reise durch die Geschichte statt.

Kann man sich vorstellen, dass sich "Jemand" oder "Etwas Energie" nach 99,997% unserer Reise entschieden hat, dass es der richtige Zeitpunkt für die Menschheit war?

Jemand entschied schließlich nach vier Millionen Jahren, dass die Menschheit auf eine höhere Stufe ihrer Existenz "gedrängt", "geführt" werden muss?

In den letzten vierJahrhunderten haben wir eine Periode tiefgreifenden Materialismus erlebt.

Zu diesem Zeitpunkt wurde das Vorhandensein dessen, was im Labor nicht gewogen, gemessen und reproduziert werden kann, abgelehnt.

Im Gegensatz zu dieser materialistischen Tendenz wollen viele Synchronizitäten, die sich seit dem letzten Jahrhundert entwickelt haben, die Welt in das Bewusstsein führen, dass der Kosmos nicht nur aus Materie besteht.

Der Kosmos hat zwei Dimensionen, das materielle und das psychische.

Viele Ereignisse der letzten Jahrzehnte bestätigen dies. Wir erinnern uns:

- Die Arbeiten von Carl Jung, einem angesehenen Psychologen.

- Das Treffen und die Zusammenarbeit von Jung mit Wolfgang Pauli, Nobelpreis für Physik.

- Die Entwicklung der Quantenphysik und die Entdeckung des Phänomens der "Verschränkung", das wir im zweiten Teil des Buches diskutieren werden.

All diese Ereignisse und viele andere verwandte Ereignisse können als Teil einer großen Synchronizität betrachtet werden.

Es ist eine Synchronizität, die den Zusammenbruch der falschen Mythen verursacht, nach denen das Universum nur aus Materie besteht, die von Kausalität beherrscht wird.

Gleichzeitig sagt diese globale Synchronizität einen neuen Entwicklungssprung der Menschheit voraus. In dieser neuen Ebene werden die Gründe der Psyche, die vom Materialismus lange unterdrückt wurden, ihren Platz und ihre Bedeutung finden.

Das ist alles schön, aber ... wo sind die wissenschaftlichen Bestätigungen?

Alles, was bisher gesagt wurde, ist mit der absoluten Mehrheit der wissenschaftlichen Kreise zusammengestoßen und stößt weiter zusammen.

Diese Umgebungen leugnen grundsätzlich die Existenz von allem, was als "psychisch" oder "geistig" definiert werden kann.

Sie behaupten, dass das gesamte Universum nur aus "Dingen", also aus Materie besteht. Diese materialistische Interpretation der modernen Wissenschaft wurde im 18. Jahrhundert mit dem Aufkommen der Aufklärung geboren.

Die Aufklärung

Die Aufklärung, die um 1700 in England geboren wurde, war eine philosophische, politische, kulturelle und soziale Bewegung. Diese Interpretation der Realität entwickelte sich rasch in ganz Europa und erreichte ihren Höhepunkt in Frankreich.

Der Name "Aufklärung" leitet sich aus dem Willen seiner Förderer und ihrer Mitglieder ab. Sie wollten den Geist anderer Menschen "erleuchten", die ihrer Meinung nach in dieser Zeit durch Aberglauben und Ignoranz verdunkelt wurden.

Die Aufklärung wurde von den meisten kultivierten und aristokratischen Gesellschaften trotz der Gegensätze der kirchlichen Macht angenommen und angenommen.

Am Ende gewann die materialistische Vision und gelang es, die negationistischen Werte des Geistes in den sozialen Gepflogenheiten durchzusetzen.

Von den frühen Philosophen an wurde die Vernunft als nützliches Mittel zur Betrachtung der Wahrheiten angesehen. Stattdessen betrachteten die Anhänger der Aufklärung die Vernunft als praktisches, operatives und funktionales Werkzeug für die Entwicklung des mechanischen Fortschritts.

Nach der Aufklärung sind die Eroberungen der Vernunft nicht mehr in philosophischen Spekulationen, sondern in der Erzielung praktischer Ergebnisse.

Die Aufklärung argumentiert, Vernunft sei nur dann nützlich, wenn es gelingt, Fakten und Dinge rational zu erklären, ohne auf metaphysische Argumente zu verweisen.

In dem Wunsch, die Menschen von den unvernünftigen Ängsten des Unbekannten zu befreien, behauptete die Aufklärung, dass jeder Mann die Fähigkeit besitzt, die Realität, die ihn umgibt, zu verstehen. Um dieses Ziel zu erreichen, muss sich der Mensch jedoch von abergläubischen Überzeugungen befreien.

Den Aufklärer zufolge werden diese Überzeugungen von einer Macht auferlegt, die daran interessiert ist, die Menschen in Ignoranz zu halten, um leichter beherrschen zu können.

Die Absichten waren gut. Leider sind Absichten in großen Revolutionen immer gut, bis sie angewendet werden. In der Praxis kommt es oft vor, dass das Kind gewaschen und anschließend mit schmutzigem Wasser weggeworfen wird.

Diese Tendenz der Aufklärung verursacht in der modernen Gesellschaft nach wie vor Schäden.

Eines der Grundprinzipien der Aufklärung besagt, dass die Welt eine Maschine ist. Diese Maschine folgt den bekannten Gesetzen der Physik und denen, die noch nicht bekannt sind. Leider hat die Maschine keinen Zweck. Es gibt keinen Zweck in der ganzen Schöpfung, und folglich gibt es keinen Zweck in der Existenz des Menschen. Der Mensch ist auch eine Maschine, die ihre lebenswichtigen Funktionen ohne Zweck erfüllt. Wenn das Gerät ausfällt, wird es weggeworfen.

Denis Diderot war der Autor der berühmten Encyclopedia, die 1751 bis 1772 in 17 Bänden veröffentlicht wurde, zusammen mit Jean-Baptiste D'Alembert. Diderot spielt somit die Rolle eines Wissenschaftlers:

"Der Beruf des Wissenschaftlers besteht darin, zu unterrichten und keine moralischen Lehren zu geben.

In seinen Lehren muss er das "Warum" aufgeben und muss nur das "Wie" betrachten.

Das "Wie" leitet sich von Dingen ab, von Wesen. Stattdessen ist das "Warum" nur eine Frucht des Intellekts. Der Intellekt ist nicht zuverlässig. Wie viele absurde Ideen, wie viele falsche Annahmen, wie viele chimäre Vorstellungen finden sich in den Liedern zu Ehren des Schöpfers! "

Trotz dieser Ablehnung aller Spiritualität und der Vision einer zwecklosen und zufallsbasierten Realität weigerte sich die Aufklärung, als materialistisch zu gelten. Der Philosoph Voltaire wiederholte mehrmals, er fühle sich weder für den Materialismus noch für den Spiritismus bereit.

Das Alter der Lichter und der literarischen Salons

Gerade aufgrund der Ausdehnung der Aufklärung, die im 18. Jahrhundert begann, erhielt diese historische Periode den Namen "Siècle des Lumières".

Unter den Hauptprotagonisten können wir uns an den französischen Voltaire, Montesquieu und Fontanelle erinnern. Diese Protagonisten gaben jedoch zu, dass sie von der englischen Philosophie inspiriert waren, die auf empirischen Gründen und wissenschaftlichen Erkenntnissen beruhte, dh auf den vorherrschenden Elementen des Denkens von Locke, Newton und Hume.

Die Aufklärung erhielt große Hilfe von literarischen Salons.

Diese kulturelle Tradition war in Frankreich seit den Tagen Ludwigs XIV. Präsent.

Damals gab es Damen, die für ihre Kultur und ihre Weltlichkeit bekannt waren. Diese Damen organisierten Treffen in ihren Wohnzimmern, die "bureaux d'esprit" genannt wurden. Manchmal waren die Organisatoren auch Männer mit einem guten sozialen Ruf..

So wurden die Treffen dieser "bureaux d'esprit" von einflussreichen Mitgliedern der oberen Mittelklasse oder Aristokratie organisiert. Diese Organisatoren luden Prominente zu Gesprächen und Diskussionen über aktuelle Themen ein.

Bekannt war unter anderem der Salon von Madame Geoffrin. Diese Dame lud literarische und philosophische Prominente wie Diderot, Marivaux, Grimm und Helvétius ein.

Ebenso bekannt war der Baron d 'Holbach, der neben dem Abt Galiani und anderen Philosophen auch Versammlungen mit den bereits erwähnten Personen organisierte.

Das Substrat, das die Aufklärung fütterte, wurde daher im Wesentlichen von der aristokratischen und bürgerlichen Klasse gebildet.

Dieser Umstand lässt uns verstehen, warum sich die Theorien der Aufklärung vor allem auf den hohen Ebenen der Gesellschaft ausbreiten.

In populären Kreisen war die Verbreitung dagegen fast nicht vorhanden. Diejenigen, die aufgeklärt werden sollten, blieben im Dunkeln und wurden von jeglichem Nutzen ausgeschlossen.

Wenn wir jedoch nicht auf materialistische und atheistische Positionen wie die der letzten Gedankenphase von Diderot eingehen, erscheint der Begriff "Gott" in den meisten Denkern der Aufklärung.

Um diese natürliche Intuition mit den von ihnen proklamierten Theorien in Einklang zu bringen, versuchten die Illuministen, die Existenz eines Gottes anhand wissenschaftlicher Argumente zu rechtfertigen.

In Anbetracht der wunderbaren Perfektion der Schöpfung

Sie schlugen die Existenz eines "ewigen Geometers" vor.

Dies war ein Problem, das auch Voltaire quälte:

"Wenn ich die Ordnung und die erstaunliche Fähigkeit der mechanischen und geometrischen Gesetze, die das Universum beherrschen, einschätze, werde ich von Bewunderung und Respekt besiegt.

Ich gebe diese höchste Intelligenz zu. Ich bin von seiner Existenz überzeugt. Ich habe keine Angst, dass jemand meine Meinung ändern kann.

Aber wo ist dieser ewige Landvermesser? Ist er an einem bestimmten Ort präsent oder ist er überall verbreitet?

Besetzt er einen bestimmten Raum oder nicht? Ich weiß nichts davon. "

Leider hinterließen Voltaires Zweifel in späteren Jahrhunderten keine Spur. Im wissenschaftlichen Panorama von heute ist der Begriff des "Gottes", selbst in zweifelhafter Form ausgedrückt, vollständig gelöscht worden.

Heute ist das wissenschaftliche Umfeld mit sehr seltenen Ausnahmen auf den Materialismus ausgerichtet, aber glücklicherweise gelingt es ihnen nicht, diese Theorien zu verbreiten.

Tatsächlich glauben Menschen aus der ganzen Welt, selbst diejenigen, die lange Zeit unter der Herrschaft atheistischer Totalitarismen lebten, immer noch, dass sie keine Maschinen sind.

Laut Materialisten sind Männer zufällige Agglomerate von Materie. Es ist ausgeschlossen, dass Menschen eine Spiritualität und eine Seele besitzen können.

Seltsamerweise denken Materialisten, dass "andere" Automaten ohne kritischen Sinn sind, die sich nach mechanischen Gesetzen verhalten.

Die einzige Ausnahme sie sind selbst, weil sie selbst intelligent sind und autonome Gedanken verarbeiten können.

Was sind die Gesetze der klassischen Physik, die nicht gebrochen werden können?

Die Leugnung psychischer Realitäten beruht auf der Tatsache, dass sie den physikalischen Gesetzen widersprechen, auf denen das von uns bekannte Universum basiert. Nicht nur die klassische

Physik, sondern auch die Gesetze der relativistischen Physik unterliegen diesen Regeln. Dies sind klare und ausführlich beschriebene Regeln.

Die Kenntnis dieser Gesetze macht es möglich, jederzeit vorauszusehen, wie sich die Materie, aus der die Realität besteht, verhalten wird. Wir können das Verhalten von Objekten vorhersagen, von unserem Zigarettenanzünder bis zur weitesten Galaxie.

Es gibt ein Kriterium namens "Mechanik", das das bekannte Universum reguliert. Jedes Ereignis hängt von einer Ursache ab. Jede Tatsache wird wiederum zur Ursache, die ein nachfolgendes Ereignis verursacht.

Ein sich bewegendes Objekt, das auf ein unbewegliches Objekt trifft, erzeugt einen Schub, der genau berechnet werden kann.

Tatsächlich hängt der Schub hauptsächlich vom Gewicht der beiden Objekte und von der Geschwindigkeit des ersten Objekts ab. Das zweite Objekt bewegt sich wiederum in eine Richtung, die vorhergesagt werden kann. Die Geschwindigkeit und Dauer der Bewegung kann ebenfalls vorausgesehen werden.

Darüber hinaus muss alles, um sich zu bewegen, eine "Umgebung" haben. Zum Beispiel fährt ein Schiff über Wasser und ein Auto fährt auf der

Straße. Musik und Stimme breiten sich durch die Luft aus und werden von Schallwellen getragen.

Betrachten wir die drei wichtigsten Gesetze.

Das erste Gesetz ist die Richtung der Zeit, auch "Zeitpfeil" genannt. Die Zeit läuft nur vorwärts, und bereits geschehene Tatsachen können nicht korrigiert oder geändert werden.

Die zeitliche Reihenfolge der Ereignisse wird durch den Lauf der Zeit bestimmt, der es uns niemals erlaubt, umzukehren, auch wenn es manchmal wünschenswert wäre, in die Vergangenheit zurückzukehren.

Das zweite Gesetz betrifft die Geschwindigkeit. Nichts kann sich mit einer Geschwindigkeit bewegen, die größer als die des Lichts ist und etwa 300.000 km pro Sekunde entspricht.

Die Folge des dritten Gesetzes ist, dass jede Kraft ihre Kraft als Funktion der Entfernung verringert. Dies wirkt sich insbesondere auf die Schwerkraft und den Magnetismus aus.

Zum Beispiel nimmt die Schwerkraft, die zwei Planeten anzieht, mit der Entfernung der Planeten ab.

Die Anziehungskraft der Erde auf die Schwerkraft beeinflusst ihren Satelliten, den Mond. Der Einfluss auf die Satelliten von Jupiter wie Europa oder Ganymede ist jedoch absolut geringer.

Ebenso zieht ein Magnet ein Eisenobjekt an, das sich in einer bestimmten Entfernung befindet.

Wenn wir das Objekt jedoch weiter wegstellen, verringert sich die Anziehungskraft und endet schließlich.

Das gesamte Universum, das wir erfahren, gehorcht diesen Gesetzen. Daher können wir die Peinlichkeit der offiziellen Wissenschaft angesichts der Möglichkeit verstehen, dass etwas diesen Gesetzen entgeht. Sicherlich gehören zu den Dingen, die den physikalischen Gesetzen nicht gehorchen, die außersinnlichen Wahrnehmungen.

Nach offiziellen Angaben kann die Vorahnung nicht existieren, weil man nicht zuerst etwas wissen kann, was später geschehen wird.

Woher könnte Information über eine Vorahnung kommen?

Es gibt keinen physischen Container, in dem Informationen über Fakten gespeichert werden, die in der Zukunft passieren werden. Es gibt kein Archiv von Ereignissen, die noch nicht aufgetreten sind.

Das menschliche Denken wird oft erwähnt, um zu sagen, dass es sich sicher schneller bewegt als Licht. Gedanken können sowohl die Vergangenheit als auch die Zukunft erkunden. Gedanken können jeden Bereich unseres Universums und andere mögliche Universen mit derselben Intensität erreichen. Dies kann als

Konflikt mit den in den vorhergehenden Abschnitten erwähnten physikalischen Gesetzen betrachtet werden.

Die Antwort der Wissenschaft ist sehr einfach. Das Denken basiert auf unserem Gehirn und bewegt sich nicht von hier.

Der Gedanke kommt nicht aus dem Schädel. Alle mentalen Ausarbeitungen sind geboren und sterben innerhalb weniger Kubikzentimeter des physischen Gehirns. In der Praxis ist das Denken eine Illusion, keine Realität.

In diesem Sinne sind Vorahnungen Illusionen, die als Abfallprodukte im selben Gehirn entstehen. Selbst telepathische Kommunikationen sind nicht möglich, da aus einem Kopf kein Gedanke kommen kann, um in einen anderen Kopf zu fliegen.

Um die Existenz einer psychischen Realität wie die im ersten Teil dieses Buches beschriebene zu unterstützen, ist es daher notwendig, eine Dimension des Universums zu entdecken, in der die Regeln der klassischen Physik nicht mehr gültig sind.

Diese Dimension sollte dem kollektiven Unbewussten von Jung ähneln.

Wenn diese psychische Dimension existiert, kann sie sicherlich die Ideen Platons sowie die Archetypen von Carl Jung und jede andere nicht-materielle Realität aufnehmen.

Bis 1950 hätte kein Wissenschaftler auf diese Möglichkeit eine einzige Münze gesetzt. Stattdessen hat sich in den letzten Jahrzehnten eine große Veränderung ergeben.

Die Quantenphysik hat durch die Untersuchung von Materie im extrem kleinen Bereich große Fortschritte gemacht.

Die Möglichkeit, dass eine ausschließlich psychische Dimension wirklich existierte, wurde bereits Anfang des letzten Jahrhunderts vorhergesagt. Ab den 1980er Jahren wurde das Bestehen dieser Dimension schließlich wissenschaftlich nachgewiesen.

Wir sprechen über die Ergebnisse von Experimenten zum Phänomen der Quantenverschränkung.

Zusammenarbeit zwischen Wissenschaft und Psyche

Seit Jahrzehnten herrscht große Synchronizität, die den gesamten Planeten beeinflusst. Diese globale Synchronizität führt die Menschheit zu einer völlig anderen Erklärung der Gründe unserer Existenz.

Das Universum ist nicht länger eine chaotische Ansammlung von Materie, die vom Zufall bestimmt wird. In dieser neuen Vision ist das Universum ein Amalgam aus Materie und Psyche, das auf geordnete Weise aufgebaut und von einem universellen Geist geleitet wird.

Diese globale Synchronizität repräsentiert die Summe sehr vieler bedeutender Zufälle. Dazu gehört sicherlich das Treffen des Schweizer Psychologen Carl Gustav Jung mit dem österreichischen Wissenschaftler Wolfgang Pauli. Wir erinnern uns, dass Pauli 1945 den Nobelpreis für Physik erhalten wird.

Die beiden Wissenschaftler trafen sich in Zürich, wo sie beide lebten. Carl Jung übte den Beruf des Psychotherapeuten aus. Stattdessen war Pauli Professor für Theoretische Physik am Institute of Technology.

Das Treffen fand 1932 statt. Zu dieser Zeit hatte Pauli um einen Termin mit Jung gebeten, um die Möglichkeit einer analytischen Therapie zu prüfen.

Tatsächlich verlässt sich Pauli auf Jung, um einige existenzielle Probleme zu lösen, die sich aus den menschlichen Angelegenheiten ergeben, in die er verwickelt war.

Zunächst litt Pauli einige Jahre zuvor am Selbstmord seiner Mutter. Ein weiterer Grund für das Leiden war die neue Ehe seines Vaters mit einer sehr jungen Frau, die im gleichen Alter wie Wolfgang war.

Ein weiterer starker Leidensgrund war schließlich das Scheitern seiner Ehe mit Kathe Deppner, einem Kabarettänzer.

Eine weitere starke Ursache für das Leid war schließlich das Scheitern ihrer Ehe mit Kathe Deppner, einer Kabarettänzerin.

Leider dauerte diese Ehe nur wenige Wochen. Infolgedessen durchlief Pauli eine sehr schwierige Phase ihres Lebens. Dies waren die Gründe, die ihn veranlassten, um Jungs Hilfe zu bitten.

Unmittelbar nach dem Kennenlernen entwickelte sich jedoch ein Dialog der anderen Art zwischen den beiden Wissenschaftlern. Jung gab den Job der psychoanalytischen Therapie einem Arzt, der sein Mitarbeiter war.

Stattdessen war das Thema der Treffen zwischen den beiden ihr jeweiliges wissenschaftliches Wissen. Diese Beziehung dauerte mindestens fünfundzwanzig Jahre.

Als die beiden an verschiedenen Orten lebten, wurden persönliche Begegnungen zu einem dichten Briefwechsel.

In ihren Argumenten stießen Jung und Pauli an die Grenzen ihrer jeweiligen Forschungsgebiete, der Quantenphysik und der Psychologie. Die beiden suchten eine Verbindung zwischen den beiden Wissenschaften.

Auf diese Weise wurde eine Verbindung zwischen zwei Untersuchungsfeldern hergestellt, die bis dahin als absolut unvereinbar galten.

Eine kulturelle Ehe wurde zwischen Jungs Kreativität und der Strenge von Paulis wissenschaftlicher Disziplin geboren. Mit großer Geduld konfrontierten die beiden ihre Theorien, ohne jemals Gründe für Missverständnisse oder Argumente zu finden. Dies geschah trotz der Missverständnisse der jeweiligen wissenschaftlichen Umgebung.

Pauli studierte Jungs Denk und teilte es ernst. Auf diese Weise überwand er die vorherrschende Mentalität des Zeitalters, die die auf der Psyche basierenden Theorien als "sinnlos" definierte.

Pauli behielt eine kritische Haltung bei, versuchte jedoch, Jungsche Theorien zu verstehen.

Natürlich war das Hauptthema des Dialogs zwischen Jung und Pauli das Verhältnis zwischen Physik und Psychologie, also zwischen Psyche und Materie. Es ist wichtig anzumerken, dass Pauli nicht an Synchronizität interessiert war, um eine kulturelle Neugier zu befriedigen. Er glaubte, er sei mehrmals in seinem Leben der Protagonist synchronistischer Episoden gewesen.

1952 veröffentlichten Jung und Pauli zusammen ein Buch, "Naturerklarung und Psyche". Sowohl ihre Zustimmung als auch ihre Unterschiede können auf den Seiten dieses Buches verstanden werden.

Jung trug zur Arbeit bei, indem er seine Arbeit mit dem Titel "Synchronicity: An Acausal Connecting Principle"

Pauli trug statt dessen mit dem Essay "The Influence of Archetypal Ideas on the Scientific Theories of Kepler" bei.

Es muss gesagt werden, dass Jung lange gezögert hat, bevor er seine Theorie der Synchronizität veröffentlicht hat. Es war Pauli selbst, der ihn überzeugte, sie in diesem Essay bekannt zu machen.

Insgesamt waren sich Pauli und Jung einig, dass Materie und Psyche als komplementäre Aspekte der Realität selbst verstanden werden müssen.

Die Realität wird von Archetypen bestimmt, die als gemeinsame Ordnungsprinzipien verstanden werden müssen.

DDies bedeutet, dass Archetypen Elemente sind, die sich in einer Ebene befinden, die sich außerhalb des Materials befindet.

Pauli kritisierte die in seinem Arbeitsumfeld vorhandene materialistische Überzeugung. Er teilte nicht die Leugnung von allem, was mit Spiritualität, Gefühlen und menschlichen Gefühlen verbunden ist.

Pauli war überzeugt, dass in naher Zukunft die Beziehung zwischen der äußeren Welt der Materie und der inneren Welt der Psyche nicht länger ignoriert werden kann.

Quantenverschränkung

Das physikalische Gesetz, "Energieerhaltung" genannt, ist eines der wichtigsten in der Natur. In seiner am meisten untersuchten Form besagt dieses Gesetz, dass Energie von einer Form in eine andere umgewandelt und konvertiert werden kann.

wenn sich die Form der Energie ändert, ändert sich ihre Gesamtmenge jedoch nicht mit der Zeit. Wir beziehen uns auf die Energie eines "isolierten Systems".

Natürlich ist das Universum ein isoliertes System.

Richard Feynman ist ein US-amerikanischer Physiker. 1965 erhielt er den Nobelpreis für Physik. In seinem Buch "The Physics of Feynman, Vol.I" spricht Feynman so vom Erhaltungsgesetz:

"Es gibt ein Gesetz, das bekannte Naturereignisse regiert. Dieses Gesetz hat keine Ausnahmen, also ist es, soweit wir wissen, richtig.

Das Gesetz wird als "Energieerhaltung" bezeichnet und ist eigentlich eine sehr abstrakte Idee, da es sich um ein mathematisches Prinzip handelt.

Das Gesetz sagt, dass es eine numerische Größe gibt, die sich nicht ändert, was auch immer geschieht. Seine Aussage beschreibt keinen Mechanismus oder etwas Konkretes. Dies ist eine etwas seltsame Tatsache. Wir können eine bestimmte Zahl berechnen, die die Gesamtenergie des Universums darstellt. Dann betrachten wir die Dinge, wenn sie sich ändern.

Wenn wir uns die Natur lange Zeit anschauen, während sie sich entwickelt und dann die Zahl neu berechnet, erkennen wir, dass sich die Zahl nicht geändert hat. " "

Ohne Zweifel können wir davon ausgehen, dass die Gesamtenergie des Universums verschiedene Formen annehmen kann, aber unverändert bleibt.

Dieses Gesetz stellte enorme Probleme dar, als die Wissenschaft anfing, Materie auf subatomarer Ebene zu studieren, dh auf der extrem kleinen Ebene.

Wir versuchen zu verstehen warum.

Elementarteilchen sind mit "Spins" ausgestattet. Der "Spin" ist einer Rotationsbewegung sehr ähnlich. Auch der "Spin" unterliegt dem Erhaltungssatz.

Wenn wir also ein Elektron mit "Spin" gleich Null nehmen und es in zwei Teile teilen, hat ein Teil "Spin" +1/2 (positive Hälfte) und der andere "Spin" -1/2 (negative Hälfte). . Auf diese Weise ist die Summe der beiden Hälften wie im ursprünglichen Elektron immer gleich Null. Dies bedeutet, dass das Erhaltungsgesetz eingehalten wird.

Jetzt machen wir ein Experiment.

Nehmen wir an, dass wir, nachdem wir ein Elektron in zwei Teile geteilt haben, eine der beiden Hälften nehmen und in eine beliebige Entfernung bewegen, die wir uns vorstellen können.

Unabhängig von der Entfernung zwischen den beiden Teilen ändert sich ihr "Spin" nicht, um das Erhaltungsgesetz nicht zu verletzen.

Aber lasst uns unser Experiment fortsetzen.

Nehmen wir einen der beiden Teile, zum Beispiel den mit "positivem halben Spin", und kehren Sie den "Spin" um, so dass er "halb negativ" wird.

Was passiert an diesem Punkt? Es kommt vor, dass die andere Hälfte, wo immer sie sich im Universum befindet, auch ihren "Spin" umkehrt.

Der "Spin" der anderen Hälfte, der "halb negativ" war, wird zur "positiven Hälfte". Die beiden "Spins" ändern sich nicht "nacheinander", sondern "gleichzeitig".

Es ist wichtig zu verstehen, dass die Veränderung genau zur gleichen Zeit stattfindet. Informationen brauchen keine Zeit, um in beiden Hälften bekannt zu werden.

Mit unserem Experiment haben wir die Wirkung der "verwandten Spins" reproduziert.

Unsere beiden Teilchen werden als "korreliert" bezeichnet, weil sie zusammen geboren wurden, als wir das ursprüngliche Elektron in zwei Teile spalteten. Die überraschende Nachricht ist, dass die verwandten Partikel in jeder Entfernung miteinander kommunizieren, in der sie sich befinden.

Wenn sich ein Partikel ändert, ändert sich gleichzeitig das andere, da das Energieerhaltungsgesetz nicht verletzt werden kann.

Das Gesetz der Energieerhaltungsgesetz kann nicht einmal von einem halben Elektron verletzt werden, was ein absolut unbedeutender Teil des Universums ist.

Wenn wir es so sagen, scheint es sehr wenig zu sein, aber wenn wir darüber nachdenken, steht das, was wir gerade gesagt haben, *im Gegensatz zu allen Gesetzen der klassischen Physik.*

Eine Regel, die nicht beachtet wird, ist die relativ zur Lichtgeschwindigkeit, die niemals überschritten werden konnte. Tatsächlich wird diese Geschwindigkeit stark überschritten. Wie wir gesehen haben, können wir die beiden Teilchen in beliebiger intergalaktischer Entfernung platzieren, selbst in einer Milliarde Lichtjahre voneinander.

Trotz dieser Entfernung reagiert jedes Teilchen zeitgemäß auf die Veränderungen des anderen.

Die Regel der Zeitrichtung wird ebenfalls verletzt. Basierend auf dieser Regel tritt jedes Ereignis als Ergebnis eines vorherigen Ereignisses auf.

In dem von uns untersuchten Fall ändern die beiden Teile ihre Drehung nicht zeitlich nacheinander, sondern gleichzeitig.

Das Konzept der Kausalität, Auf welcher Grundlage jedes Ereignis durch ein anderes Ereignis verursacht wird, ist nicht mehr gültig. Dies ist auch die Konsequenz der Zeitgenossenschaft.

Ein anderes Prinzip, das nicht beachtet wird, ist die Dämpfung der Kraftfelder in Abhängigkeit von der Entfernung.

Nach diesem Prinzip sollten sich die beiden Teile mit zunehmender Annäherung stark verändern. Wenn sich der Abstand vergrößert, sollten sie sich mit abnehmender Kraft ändern.

Nicht so: Die "Kraftverbindung", die die beiden Teilchen verbindet, bleibt in Raum und Zeit absolut und konstant.

Die Verbindung, die die beiden Teilchen vereint, erhält den wissenschaftlichen Namen "entanglement", ein Wort in englischer Sprache, das als "Weben" übersetzt werden kann.

Dieser Begriff bezieht sich auf die Verbindung, die zwischen zwei zusammen erzeugten Teilchen entsteht, das heißt "korreliert".

Diese Verbindung hat mehr spirituelle als körperliche Eigenschaften. Ähnliches passiert oft zwischen menschlichen Zwillingen.

Die wichtigste Beobachtung wurde als letztes gelassen, und dies ist: Wie können die beiden Hälften des Elektrons miteinander kommunizieren?

Es ist offensichtlich, dass, wenn eine der beiden Hälften den Drehsinn ändert, die Nachricht von der Änderung keinen physischen Raum durchquert und auf keine Weise vermittelt wird.

In diesem Fall sollte eine Verzögerung auftreten. Die Aktion und die Reaktion sind jedoch zeitgemäß.

Es gibt keine "Zeit", in der sich Informationen noch auf der Straße befinden und der andere Teil wartet darauf, sie zu erhalten.

Die Informationen sind hier und da. Einfacher lässt sich sagen, dass Informationen absolut existieren. Beide Teilchen besitzen es. Die beiden Hälften des Elektrons teilen Informationen, als wären sie noch ein ganzes Elektron.

Die Neuheiten der Quantenphysik wurden von Niels Bohr und seinem Wissenschaftlerteam "The Copenhagen School" vorgestellt. Diese Arbeitsgruppe legte die Grundlagen der Quantenphysik in der Forschung, die seit 1927 durchgeführt wurde. Leider wurden ihre Erkenntnisse in der wissenschaftlichen Welt nicht sehr gut angenommen.

Insbesondere Albert Einstein hielt diese Theorie für unmöglich. Er glaubte, dass die Grundüberlegung falsch war.

Nach Einstein fehlte der Theorie ein Stück, das er "die unbekannte Variable" nannte.

In der Praxis ergaben die Berechnungen nach Einsteins Urteil falsche Ergebnisse, da bestimmte Elemente nicht berücksichtigt wurden.

Wenn er die sogenannte "unbekannte Variable" zu den Gleichungen hinzugefügt hätte, hätte Niels Bohr Ergebnisse erhalten, die der klassischen Physik näher kamen. Einstein war besonders besorgt, weil Bohrs Quantentheorie auch im Gegensatz zur Relativitätstheorie stand.

Einige Wissenschaftler verspotteten Bohrs Erkenntnisse.

Einstein, obwohl er von seinen Argumenten überzeugt war, war zu klug, um eine wissenschaftliche Theorie zu bestreiten, bevor diese Theorie genau bewertet wurde.

Er argumentierte weiterhin, dass Bohrs Gleichungen fehlerhaft waren. Albert hatte jedoch keine Vorurteile und wollte klar sehen. Hier liegt seine Größe als Wissenschaftler.

1935 schlug er ein berühmtes Experiment vor, bekannt als das EPR-Experiment. Das Akronym stammt aus dem Namen der drei Befürworter, das heißt neben Einstein, Podolski und Rosen.

Das EPR war ein "Gedankenexperiment," ein Gedankenexperiment.

In der Praxis ergaben die Berechnungen nach Einsteins Urteil falsche Ergebnisse, da bestimmte Elemente nicht berücksichtigt wurden.

Diese Art von Experiment kann, selbst wenn es theoretisch ist, zuverlässige Ergebnisse liefern.

Mentale Experimente werden auch heute noch eingesetzt, wenn die technischen oder wirtschaftlichen Mittel fehlen, um sie im Labor durchzuführen.

Tatsächlich hat die Entwicklung des EPR-Experiments Zweifel an der Glaubwürdigkeit von Quantentheorien aufkommen lassen. Dies hing auch von der Kompliziertheit des Exekutivprotokolls ab.

Infolgedessen nahm die wissenschaftliche Gemeinschaft die Ergebnisse zur Kenntnis, betrachtete sie jedoch nicht als endgültig.

Viele Jahre später, 1964, interessierte sich ein anderer Wissenschaftler erneut für das Thema.

John Stewart Bell veröffentlichte einen Artikel, in dem er eine vereinfachte Version des EPR-Experiments vorschlug. In demselben Artikel schlug Bell eine praktische Methode vor, um das Experiment im Labor durchzuführen, und forderte die wissenschaftliche Gemeinschaft auf, es durchzuführen.

Die Einladung wurde von Alain Aspect, einem französischen Experimentalphysiker, gesammelt. In den Jahren 1980 bis 1982 führte Alain Aspect das Experiment im Labor durch.

In der Praxis erregte er ein Elektron, um ihn zu einem Doppelquantensprung zu zwingen.

Das angeregte Elektron emittierte im Doppelsprung zwei Elementarteilchen, also zwei Photonen. Natürlich waren die beiden Photonen "verwandt", da sie im selben Ereignis geboren wurden.

Aspects Experimente bestätigten alle Vorhersagen über die Quantenphysik und das Phänomen der "Verschränkung".

Die im Labor erzeugten zwei Photonen von Aspect verhalten sich genauso wie in Bohrs Theorie beschrieben.

Das heißt, die beiden Photonen haben das zuvor beschriebene Verhalten bezüglich der beiden Hälften eines Elektrons wiederholt.

Das bedeutet, dass sie alle Regeln der klassischen Physik verletzt haben.

In den folgenden Jahren wurde das Experiment von vielen Gelehrten wiederholt und bestätigt.

Heute experimentieren die Laboratorien nicht mehr mit der "Verschränkung" zweier Teilchen. In modernen Laboren werden Tausende oder Millionen von verwandten Partikeln in einem einzigen Ereignis erzeugt.

Die Dimension, die über materielle Dinge hinausgeht

Nach dem aktuellen wissenschaftlichen Kenntnisstand können wir davon ausgehen, dass die Kommunikation auf der Ebene der Elementarteilchen mit einer von der Materie absolut unabhängigen Methode erfolgt.

Die Teilchen kommunizieren auf einer Ebene, auf der Zeit und Raum ihre Kraft nicht ausüben. In dieser Ebene verhalten sich zwei oder mehr verwandte Teilchen, selbst wenn sie durch unendliche Abstände voneinander getrennt sind, als wären sie eins.

Der "Raum" oder die Ebene, auf der dies auftritt, wird als "Nichtlokalität" bezeichnet. Es ist ein psychischer "Raum", weil er nirgendwo platziert werden kann.

Die Wissenschaft bemerkt widerwillig die Existenz dieses Raumes, da er ihn nicht wiegen, messen oder im Labor reproduzieren kann.

Wenn dieser Raum jedoch existiert, können auch andere Konzepte des menschlichen Denkens ihren Platz darin finden.

Wir haben zum Beispiel das "kollektive Unbewusste" von Carl Jung oder die "Seele der Welt" von Platon zitiert. Subatomare Teilchen wirken im Nichtlokalen, und niemand kann dies bestreiten. In ähnlicher Weise werden auch die psychischen Einsichten des menschlichen Denkens studien- und betrachtungswürdig.

Einige mögen argumentieren, dass das Phänomen der "Verschränkung" nur zwischen den im Labor miteinander verwandten Partikeln auftritt.

Wir können diese Skeptiker daran erinnern, dass das gesamte Universum aus einem großen Labor geboren wurde. Wir können uns das ursprüngliche Universum als einen "Ort" vorstellen, an dem eine große, einzigartige Explosion stattgefunden hat, die als Big Bang bekannt ist.

Diese Explosion ist entstanden alle Materie im Universum aus.

Daher wurde die gesamte Materie des Universums aus demselben Ereignis geboren.

Dies bedeutet, dass die gesamte Materie im Universum miteinander verbunden ist und eine einzigartige Realität darstellt. Tiere, Pflanzen und Mineralien bestehen aus verwandten Atomen. Die Planeten, Konstellationen und der gesamte Kosmos sind miteinander verbunden. Carl Jung und Wolfgang Pauli nannten diese Realität "Unus mundus".

Welche Rolle spielen Zufälle in meinem
Leben?

Zu diesem Zeitpunkt kann jeder Leser diese Frage legitim formulieren und auf eine Antwort warten. Wir wissen, dass bedeutende Zufälle auftreten. Leider haben wir Zufälle bis heute als bizarre und manchmal geheimnisvolle Tatsachen betrachtet, die jedoch in unserem täglichen Leben keine Rolle spielen.

Signifikante Koinzidenzen können mit dem Namen "Synchronizität" genauer definiert werden. Mit diesem Namen weisen wir auf die Hinweise hin, die versuchen, die Botschaften und Absichten eines "Mind of the World" zu erklären.

Jede Synchronizität enthält eine an uns gerichtete Botschaft, die uns beim inneren Wachstum leiten kann. Leider ist die Sprache dieser Nachrichten symbolisch. Wir bemühen uns, die richtige Wellenlänge einzustellen, um den Inhalt dieser Nachrichten zu entschlüsseln. Ein Zitat des amerikanischen Physikers Joseph Henry kann uns helfen, das Konzept zu verstehen:

"Die Samen jeder großen Entdeckung sind ständig in der Luft, die uns umgibt, präsent, aber sie fallen nur in vorbereiteten Köpfen nieder."

Wir sind es gewohnt, ungewöhnliche Fakten dem Zufall zuzuschreiben. Wenn der Zufall negativ ist, schreiben wir sie dem Schicksal zu, während sie, wenn sie positiv sind, dem Fortune zuschreiben.

Wir zitieren noch ein paar andere berühmte Sätze. Arthur Schopenhauer sagte:

"Destiny mischt die Karten und wir spielen."

Stattdessen sprach Louis Pasteur von Glück:

"Fortune begünstigt den vorbereiteten Geist"

Diese Aussagen implizieren, dass jede Gelegenheit, kombiniert mit einer Dosis Vorbereitung, uns dabei helfen kann, ein besseres Leben aufzubauen.

Die Vorbereitung besteht darin, zu wissen, wie man zu gegebener Zeit die Fahrsignale auf dieselbe Weise empfängt, wie wir Verkehrsschilder lesen können, während wir unser Auto fahren.

Synchronizitäten sind Richtungszeichen, Indikatoren, die uns symbolisch eine Richtung anzeigen.

Es ist schwierig, die symbolischen Botschaften, die aus der spirituellen Dimension kommen, zu verstehen, weil wir tief in der physischen Dimension leben.

Darüber hinaus sind die Synchronizitäten, wie bereits erwähnt, Konstruktionen von Ereignissen, die voneinander getrennt sind. Diese Ereignisse haben keine Ursache-Wirkungs-Beziehung und sind in Raum und Zeit verteilt, daher ist es schwierig, sie in Beziehung zu setzen.

Die Zufälle werden nur dann sinnvoll, wenn es uns gelingt, einen Sinn zuzuordnen.

Wir müssen oft einen irrationalen mentalen Prozess einsetzen, um bestimmte Fakten miteinander zu verknüpfen.

In vielen Fällen ist es notwendig, die tägliche Logik der Zeitlichkeit zu ignorieren, wonach einige Dinge vor und andere danach passieren. In Synchronizitäten spielt dies keine Rolle und Fakten können überall in der Zeitskala platziert werden.

Die Bedeutung, die wir Synchronizitäten zuordnen, wird auf spiritueller Ebene erzeugt.

Wenn wir also verstehen wollen, warum wir den Tatsachen eine besondere Bedeutung zukommen lassen, müssen wir die Tiefe unseres Geistes untersuchen. Die von unserem Geist erarbeitete Interpretation wird immer durch die Symbologien beleuchtet, die wir besitzen.

Die Symbolik der Synchronizitäten, die wir erhalten, ist immer mit den in unserer Psyche vorhandenen Symbologien verbunden.

Wir halten den interpretativen Schlüssel zu den Synchronizitäten, die wir erhalten. Dieser Schlüssel ist in unserem Bewusstsein oder in unserem Unbewussten vorhanden.

Synchronizitäten sind archetypische Symbole. Sie können sich nicht in einer völlig unbekannten symbolischen Form manifestieren. Wenn eine Person eine Synchronizität in einer symbolischen Form erhält, ist dieses Symbol bereits vom kollektiven Unbewussten zum individuellen Unbewussten übergegangen.

Die Symbologien, die durch Synchronizitäten hervorgerufen werden, sind nicht unkenntlich, weil sie in unserem Unbewussten bereits vorhanden, verwurzelt und miteinander verflochten sind.

Synchronizitäten entschlüsseln.

ie Synchronizitäten haben bestimmte Eigenschaften, wodurch die Entschlüsselung der Nachricht fast ausschließlich für die Empfänger möglich ist. Diese Eigenschaften sind der symbolische Charakter und die enge Verbindung mit dem Unbewussten des Individuums.

Eine Ausnahme kann die Methodik professioneller Therapeuten sein. Sie sind in der Lage, die Schichten des tiefen Bewusstseins zu vertiefen, dh solche, die nicht einmal der Patient objektiv erforschen kann.

In den meisten Fällen wendet sich niemand an einen Psychotherapeuten, der die Symbolik der synchronistischen Botschaften enthüllt. Daher können wir hier einige grobe Hinweise geben, die bei der Interpretation helfen können.

Der erste Ratschlag liegt auf der Hand.

Niemals bedeutende Zufälle als einfache Zufälligkeit betrachten. Sie können Botschaften von einem "höheren Geist" sein.

Dieser "Geist" koordiniert die Harmonie des Universums und möchte uns helfen, unsere Harmonie aufrechtzuerhalten. Es will uns zu einem Wohlergehen machen.

Der zweite Ratschlag besteht darin, sich in erster Linie auf das eigene Urteil zu verlassen. Unser Urteil ist sicherlich das qualifizierteste und am besten informierte, um unsere Innerlichkeit bei der Erarbeitung der Bedeutung der Symbole zu lenken.

Wie bereits erwähnt, hat jeder die interpretativen Schlüssel der Symbologien, die er erhält.

Die Symbole sind das Erbe der gesamten Menschheit, aber sie sind eng an unser "Selbst", unsere Kultur und unsere Sichtweise der Welt angepasst.

Wir können sagen, dass das Symbol wie eine Fingerspitze ist. Es gibt Milliarden von Fingern, aber gleichzeitig finden wir nicht zwei gleiche. Jeder hat seine eigenen Fingerabdrücke, die einzigartig und unverwechselbar sind.

Der dritte Ratschlag besteht darin, dass es nicht eilig ist, Bedeutungen zuzuordnen.

Oft besteht eine Synchronizität aus mehreren zeitlich verteilten Ereignissen. Wir müssen eine geheime Schublade in unserem Kopf schaffen, in der wir die Nachrichten ablegen, die wir nicht verstehen.

Jedes Mal, wenn wir eine neue Nachricht erhalten, müssen wir sie mit all denen vergleichen, die wir noch nicht gelöst haben. Diese Praxis kann zu überraschenden Ergebnissen führen.

Wenn wir jeden merkwürdigen Zufall aus dem Kopf löschen, besteht die Gefahr, dass wir einen Weg unterbrechen. Vielleicht war der abgesagte Zufall ein wichtiges Glied.

TTatsächlich kann eine Synchronizität über Tage oder Monate oder sogar Jahre verteilt sein, und jeder neue signifikante Zufall kann der Abschluss eines vorherigen Zufalls sein.

Der Ort, von dem die Synchronizitäten kommen, wird oft als "Nichtlokalität" bezeichnet, weil es nicht möglich ist, sie entweder räumlich oder zeitlich zu platzieren. Auf der nicht lokalen Ebene gibt es keinen Raum oder Zeit. Die Quantenphysik und die jüngste Entdeckung des Phänomens "Verschränkung", das ich in seinen wesentlichen Elementen beschrieben habe, belegt dies wissenschaftlich.

Als Anhang zu diesem dritten Rat gebe ich einen weiteren Hinweis.

Viele Gelehrte und Autoren unterstützen die Nützlichkeit, ein Tagebuch der Zufälle zu führen. In diesem Tagebuch können wir auch die bedeutenden Träume feststellen, die uns am meisten getroffen haben. Träume können synchron oder prophetisch sein. Dies gilt insbesondere dann, wenn das geträumte Ereignis tatsächlich stattfindet. Dies sind seltene Fälle, da sogar Träume auf Symbologien basieren. Es ist möglich, einem Ereignis einen Sinn zu geben, indem es mit einem Traum verbunden wird.

Die drei Ebenen der Realität

Aus dem, was in den vorangegangenen Kapiteln gezeigt wurde, ergibt sich eine Darstellung des Universums, die sich sehr von derjenigen unterscheidet, an die wir gedacht haben.

Natürlich sehen wir alle weiterhin die Welt, wie wir sie immer gesehen haben. Dies geschieht, weil die fünf Sinne, die die Natur uns gegeben hat, darauf zugeschnitten sind, diese Welt zu erfahren.

Die lebensnotwendigen Lebensbedürfnisse und Überlebensbedürfnisse bedeuten, dass wir die Realität in der Dimension, die sich uns anpasst, sehen, berühren, riechen, hören und genießen können.

Tatsächlich sind unsere Sinne außerhalb unserer Dimension nicht wirksam. Wir können ferne Galaxien nicht mit unseren Augen erkunden. Unsere Augen können die Bewegungen von Mikroben nicht beobachten.

Wir nehmen weder den Geruch der Explosion von Supernovae noch die Farbe der Moleküle wahr, aus denen die verschiedenen Körper bestehen.

Diese Funktionen gehen über unsere Grundbedürfnisse hinaus. Die Evolution hat uns nur auf das spezialisiert, was für unser Dasein unverzichtbar ist.

Die meisten Frequenzen erzeugen Farben und Töne, die für uns nicht sichtbar oder hörbar sind

Der Tastsinn und der Geschmackssinn lassen uns, soweit wir sie als verfeinert betrachten, nur eine kleine Auswahl an Aromen und Gerüchen deutlich unterscheiden.

Wir können sagen, dass unsere fünf Sinne sehr grob und sehr begrenzt sind, verglichen mit den unendlichen Variationen, die das Universum hervorbringt.

Wir haben jedoch auch zwei andere Sinne. Der sechste Sinn ist die Intuition, die es uns ermöglicht, sehr nützliche Informationen im einfachen Alltag zu verarbeiten, auch wenn diese Informationen nicht für das Überleben unerlässlich sind.

Intuition ist ein wunderbares Werkzeug, das unsere Erfahrungen verarbeitet und Verhaltensempfehlungen liefert.

Die ersten Männer konnten die Essbarkeit der Beeren oder die Gefahr von Insektenstichen erraten und ihre Farbe oder Körperform beurteilen. Anhand einer zusammenfassenden Betrachtung des Auftretens konnten sie die größere oder geringere Risiko-Möglichkeit berechnen.

Heute verwenden wir Intuition, um Menschen und Umstände zu bewerten..

Dank der Intuition können wir oft ein spontanes Misstrauen gegen diejenigen erzeugen, die uns täuschen möchten. So können wir auch raten, wer uns helfen könnte.

Intuition hilft uns, die positiven und negativen Seiten eines bestimmten Geschäfts zu erkennen. Intuition spielt bei unseren Entscheidungen meist eine entscheidende Rolle. Das Intuto ist sicherlich ein unvollkommenes Werkzeug, aber die Erfahrung hilft uns, es zu verbessern.

Der sechste Sinn oder die Intuition basiert ausschließlich auf Gedanken, hat aber nichts Geheimnisvolles. Die Informationen, die wir zur Formulierung unserer Urteile verwenden, sind alle in unserem Gedächtnis und in unserem kulturellen Gepäck enthalten. Der gesamte intuitive Prozess findet in unserer Psyche statt.

Intuition verwendet nur das Wissen, das wir bereits haben.

Intuition entspricht natürlich der Welt außerhalb der Psyche, dh der physischen Realität.

Das Quantenniveau und das nichtlokale Niveau

Die Ebene, in der wir leben, kann als "physische Ebene" definiert werden. Die physische Ebene besteht aus festen Objekten, die voneinander getrennt sind.

Diese Ebene umfasst auch den extrem großen Teil des Kosmos wie die Planeten und Konstellationen. Heute sagt die Wissenschaft, dass es mindestens zwei weitere Ebenen gibt. Obwohl wir diese Ebenen nicht mit unseren begrenzten Sinnen verstehen können, existieren sie trotzdem. Ihre Existenz wird zweifelsfrei bestätigt.

Die zweite Ebene ist die Quantenebene. Dies ist ein "Raum", in dem sich Elementarteilchen bewegen und frei arbeiten. Diese Teilchen unterliegen keiner der Einschränkungen, die sich auf die makroskopische Ebene der Materie auswirken.

Wie wir gesehen haben, bilden die Teilchen wechselseitige Bindungen ohne räumliche und zeitliche Begrenzung.

Dieses Merkmal deutet auf die Existenz einer dritten Ebene hin, der Nichtlokalität, die nicht aus Materie besteht.

Die Nichtlokalität enthält nur Energie und Informationen.

Nichtlokalität ist die Ebene, auf der das gesamte Universum verbunden ist, und bildet eine universelle "Verschränkung". Die Nichtlokalität enthält alle Informationen, das ist die kosmische Intelligenz, die vom ersten Moment der Schöpfung an gewonnen wurde.

Diese Informationen werden von einer unbekannten und unbegrenzten Energie gestützt, die sie dorthin verteilt, wo sie benötigt wird.

Wenn wir auf die nicht-lokale Realität zugreifen wollen, können uns die fünf Sinne nicht helfen. Nicht einmal Intuition kann uns helfen. Wir brauchen den siebten Sinn.

Der sechste Sinn kommt zu unserer Rettung, indem nur die Informationen verarbeitet werden, die wir in unserer täglichen Erfahrung gesammelt haben.

Stattdessen erlaubt uns der siebte Sinn, mit einer immens reicheren Lagerstätte in Kontakt zu treten, die alle Erfahrungen des Universums enthält.

Aus dieser Lagerstätte steigen die Vorhersagen, die Ahnungen und die gesamte Reihe von Phänomenen, die wir als außersinnlich bezeichnen, in unser Bewusstsein hinab

Das Niveau der Nichtlokalität ist seit jeher jeder Zivilisation, jeder Philosophie und jeder Religion bekannt. Leider konnte seine Existenz nicht nachgewiesen werden. Heute gibt es endlich Beweise.

Wir können sicher sein, dass eine überlegene Intelligenz das Funktionieren der nicht lokalen Ebene steuert. Wie kann diese Ebene tatsächlich vom Zufall bestimmt werden?

Von dieser Ebene erhalten wir Nachrichten. In den meisten Fällen sind diese Botschaften symbolisch und wir haben Mühe, sie zu entschlüsseln. Es ist jedoch möglich, dass die Menschheit in der Lage sein wird, einen fortgeschritteneren Verständnisplan zu entwickeln als den gegenwärtigen.

Jeder kann die Ebene der Nichtlokalität mit dem von Ihnen bevorzugten Namen aufrufen. Wir können viele Ausdrücke erwähnen: Universal Mind, Global Mind, World of Ideas, Geist des Universums, kollektives Unbewusstes, Nichtlokalität, Tao, Atman, Gott, Heiliger Geist.

Wir wissen, dass diese ""Größere Entität"" existiert. Wir wissen auch, dass von ihr Hilfe zum Wachstum von Individuen und zur Entwicklung der gesamten Menschheit kommt.

Wir haben diese Hilfsmittel als "sinnvolle Zufälle" und "Synchronizität" bezeichnet und auf Jungsche Theorien Bezug genommen. Jeder kann diese Interventionen jedoch mit dem Namen nennen, den er bevorzugt: Inspirationen, Prophezeiungen, Offenbarungen, Wunder oder was auch immer.

Vielleicht werden wir niemals in der Lage sein, die Geheimnisse, über die wir gesprochen haben, im Detail zu enthüllen. Es gibt jedoch eine wichtige Neuheit.

In der Vergangenheit haben wir auf suggestive Hypothesen hingewiesen, konnten jedoch keine Beweise liefern.

Heute sprechen wir mit Zuversicht und beziehen uns auf eine spirituelle oder mentale Ebene, die tatsächlich existiert.

Bibliography

Amir Dan Aczel, Entanglement. The greatest mystery of physics.
Barbour Julian, End of the time.
Barrow John David, From zero to infinity. The great story of Nothing.
Barrow John David, The numbers of the universe,
Barrow John David, Why is the world a mathematician?
Barrow John David, look Frank The anthropic principle.
Beitman Bernard, Messages from coincidences.
Cambray Joseph, Synchronicity. Nature and Psyche In a connected universe.
Cantalupi Tiziano, Santarcangelo Donato, Psychism and reality. .
Capra Fritjof, The Tao of physics.
John Cederquist, Coincidences They don't exist.
Cesati Cassin Marco, We're not here by chance.. The power of coincidences.
Subrahmanyan Chandrasekhar, Truth and Beauty. The reasons for aesthetics in science.
Chinnici Giorgio, Case Guard. The secret mechanisms of the quantum world
Chopra Deepak, Coincidences
Ford Kenneth, The world of Quanta. Quantum physics For everyone.
Gamow George, The Adventures of Mr. Tompkins.
Gamow George, Mr. Tompkins ' New World.
Goswami Arneb, Quantum Lighting Guide.
Greene Brian, The plot of the cosmos. Space,
Greene Brian, The hidden universes of parallel reality And the profound laws of the cosmos.
Greene Brian, The elegant universe. Superstrings, hidden dimensions and the pursuit of definitive theory.
Hawking Stephen The Universe in a nutshell.
Hawking Stephen The theory completely. Origin and destination Dell Universe.

Hawking Stephen The great history of the time.

Hawking Stephen Do Big Bang For black holes. A brief history of the universe.

Heckler, Richard, Coincidences.

Robert Hopke, Nothing happens by chance.

Joseph Frank, The power of coincidences.

Young Carl The analysis of Dreams. Archetypes of the unconscious. Synchronicity.

Young Carl Memories, DreamsReflections.

Kane Gordon, The Garden of Particles Elemental.

Shani Mani Quantum. From Einstein In Bohr, quantum theory, a new idea of reality..

Rei Hans, Christianity and Chinese religiosity.

Lederman Leon, Hill Christopher, Physical Quantum for Poets

Licata Ignazio, Watching the Sphinx.

Motterlini Matteo, Mental traps.

Peat David, Synchronicity. A union between the matter e Psyche.

Popper Karl, The Ego and your brain.

Radin Dean. Intertwined minds. Psychic phenomena explained by quantum physics.

Rhine Louisa, Psychokinesis. in mind Dominates matter..

Schumacher Ernst, A guide to the Perplexed, the B

Sheldrake Rupert, The illusions of Science.

Sheldrake Rupert, The mind Extended..

Michael Smith, Young and Shamanism.

Sparzani and Panepucci. (Curators) Young and Pauli. The original correspondence: The meeting between psyche and matter.

Henry Stapp Quantum theory and free will..

Michael Talbot, All is a. Feltrinelli

Teodorani Massimo, Bohm. The Physics of Infinity.

Teodorani Massimo, in mind Creative. From the physical universe to intelligent life.

Teodorani Massimo, The entanglement. The Weave In the quantum world: particles To consciousness.

Teodorani Massimo, Synchronicity. The link between physics and psyche. Da Pauli Young ' s Next In Chopra.

Teodorani Massimo, The Atom and the particles Elementary.

Seems Frank The physics of Immortality.

John White, The encounter between science and spirit..

Claudio Widmann, Synchronicity and coincidences Significant.

114

Fertigstellung des Drucks im April 2022
Wolfgang Kroemer ist das Pseudonym von Bruno
Del Medico, Blogger, Autor, Redakteur,
spezialisiert auf die Verbreitung von Themen im
Zusammenhang mit aktuellen gesellschaftlichen
Ereignissen und den neuen Grenzen der
Wissenschaft. Er ist Autor vieler Bücher über die
jüngste Pandemie und von Essays über
Quantenphysik und Metaphysik.